人生が確実に幸せになる文房具100

高畑正幸

主婦と生活社

はじめに

「人生が確実に幸せになる文房具100」。

ちょっとタイトルが大袈裟だったかもしれません。文房具ぐらいで確実に幸せになるなら苦労しないとおっしゃるあなた。もちろんその通りだと思います。でも、文房具を使い、作り、伝え続けてきた文具王として、文房具をきちんと選んできちんと使う、というのが、人生を幸せにするコツの１つであるというのは、ある意味確信を持って言えます。

これは文房具だけでなく、キッチン用品でも、ファッションでも当てはまるように思いますが、毎日の生活で触れるものに、便利で、美しく、質の高いものを丁寧に選び、しっかり使うことは、日々の仕事や生活の雑事一つ一つを、ただこなす作業から、少し能動的な気分で楽しむ行為に変えてくれます。そんな視点で日々を積み重ねていくと、用意されたエンターテインメントでなくても、目の前の些細な事に楽しさや面白さを感じられるようになります。この感覚は、人生を幸せに生きるための、案外大事なコツだと思うのです。

なかでも文房具は、日常的にとても身近で、考え、表現し、創造することをサポートしてくれる道具です。しかも今の日本では、機能もデザインも品質も、圧倒的なバリエーションの中から選べます。

文房具は、それほど高価ではなく、それほど難しくもありません。でも、案外長持ちします。ならば、せっかくですから、気に入ったものを選び、ふだんから丁寧に使うのが良いと思うのです。

私は多くの場合、文房具の評論や紹介をする際に、機能や仕組みの話を必要以上に詳しくしがちです。それは、製品をより深く知ることで見えてくる隠された魅力に気づいてもらいたいからですが、本書では、あえて理屈っぽい説明を少し抑えて、静かな写真を大きく掲載することにしました。毎日触れる文房具を選ぶのに、性能や理屈と同じくらい、その佇まいが重要だと思うからです。製品選びには、なるべく長く使っても古びない普遍性のあるものを選んだつもりです。もちろん、性能や使い勝手については、文具王の私が保証しますので、安心してください。写真を見ながら、ご自身が使っているところを想像してみてください。ピンとくるところがあれば、それが答えかもしれません。本書があなたのステキな文房具との出会いのきっかけとなれば、そしてそれが、少しでも、あなたの人生を幸せにするお役に立てればいいな、と思っています。

高畑正幸

CONTENTS

CONTENTS

消す用具

ノート・メモ帳

測る用具

切る用具

CONTENTS

電子ツール

その他

〈この本についての注意事項〉
- 本書記載の商品は、2023年9月までに撮影されたものであり、デザイン、素材、価格等は変わる可能性があります。
- 本書記載の商品問い合わせ先は、変更になる可能性があります。
- 本書記載の商品の価格は、本体価格（税抜き）です。
- 印刷の都合により、実際の商品と写真の色や素材感が多少異なる場合があります。

001 | エラボー

パイロットコーポレーション

002 キャップレス デシモ

パイロットコーポレーション

001 エラボー

パイロットコーポレーション

日本語の筆記に最適化された万年筆

これは、私がもっともよく使っている万年筆です。この製品はふつうの万年筆のペン先と少し違っていて、日本語を書くのに適したペン先として独自開発されたものです。ちょっとクイっと上がった形状で、ペン先が柔らかいため、漢字やひらがなの筆記で重要になる「とめ」「はね」「はらい」を表現しやすく、筆記線の幅の太さを、まるで筆のように筆圧の強弱で変更しやすいところが大きな特長です。もともと万年筆はヨーロッパ発祥の筆記具だからこそ、日本向けのペン先にしようと6年かけて開発されたそう。そのため、海外に似たペン先のものはあまりなく、エラボーとほかの万年筆では書き心地が異なります。比較的だれが使っても、ラクにそれっぽく書けるペン先なので、日本語を書くならおすすめです。私がエラボーを使うのはおもにハガキや手紙を書く場合で、太さはSF・SM（ソフト調の細字・中字）の両方を持っていて、どちらもインクが乾いたことがないくらい頻繁に使っています。これから万年筆を使いたいと思うのであれば、1回はためしに使ってみて欲しい1本です。

■商品名	エラボー
■ペン種	万年筆（SEF、SF、SM、SB）
■サイズ	最大径φ 14.0×全長 139mm
■軸色	レッド、ブラック、ライトブルー、ブラウン
■本体価格	25,000円
■問い合わせ先	パイロットコーポレーション　tel. 0120-2-81610　www.pilot.co.jp/

002 キャップレス デシモ

パイロットコーポレーション

すぐにメモを取るならノック式万年筆

キャップのない万年筆は世界でも珍しく、パイロット、ラミー、プラチナ万年筆くらいしか作っていません。さらにノック式となると日本の２社だけですが、手帳を持って片手で書き出せるノック式は非常に便利です。なかでもこのデシモは細くて軽めなので、ちょっと高級なボールペンみたいな感覚でカジュアルに万年筆を使えます。ノック式ですが、ペン先が上向きになるようクリップが付いているので、ポケットに挿していたらペン先がうっかり出ていたということもなく安心。私が万年筆を頻繁に使い始めたのはキャップレスを持ち歩くようになってからです。私の場合、思いついたことはすぐ書かないと忘れてしまうので、よく手書きでメモを取ります。そんなとき、キャップを開ける手間すら省けるこの万年筆がぴったり。メモに関してはまだ手書き派です。キーボードは文字を変換するあいだに内容を忘れそうになるし、図解するなら手書きのほうが速い。それに、紙はタブレットのように1つの画面に制限されることもなく、メモした紙を机に広げて参照する使い方もできますから。

■商品名	キャップレス デシモ
■ペン種	万年筆（EF、F、M、B）※GY、DLはF、M、Bのみ、PW、CPはF、Mのみ
■サイズ	最大径φ 12.0×全長 140mm
■軸色	DL、GY、PW、CP、ブラック、レッド、ライトブルー、バイオレット
■本体価格	15,000円
■問い合わせ先	パイロットコーポレーション　tel. 0120-2-81610　www.pilot.co.jp/

003 | プロシオン

プラチナ万年筆

004 | ライティブ

パイロットコーポレーション

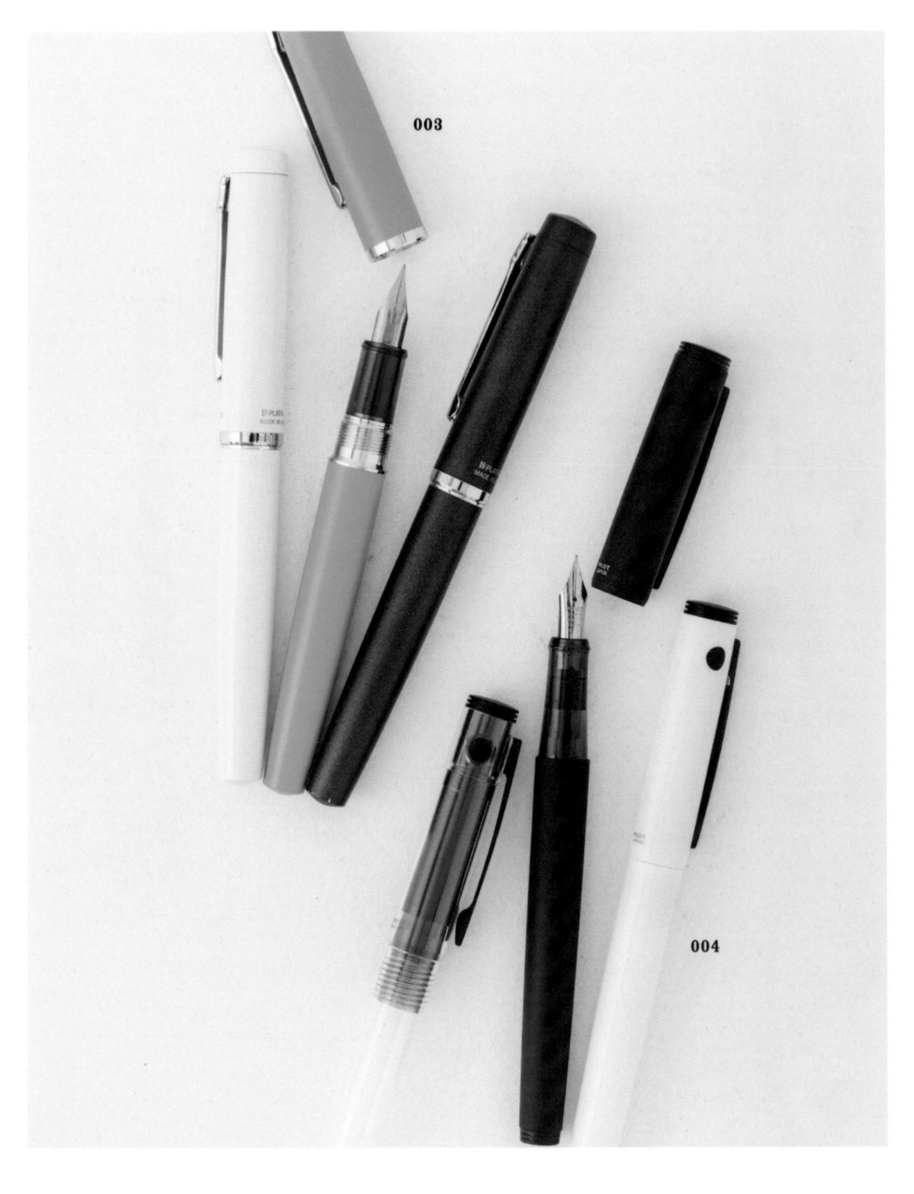

005 | LAMY safari
LAMY

006 | LAMY2000
LAMY

003 プロシオン

プラチナ万年筆

2年間放置していても書ける万年筆

しっかりした作りで高級感はありますが、金ペンほどは高くない、絶妙な価格帯の万年筆。万年筆は使う頻度が低いと、インクが乾いて洗い直すことになりがちですが、この製品はスリップシールというパーツでキャップの密着度を高めていて、2年間放置してもすぐ書けます。インク吸入口がペンの先端にあり、小瓶のインクでも最後の1滴まで無駄なく使い切れるのもいいところ。

■商品名	プロシオン	■ペン種	万年筆（F、M）
■サイズ／重量	全長139.7×最大径14.4mm／標準重量23.3g		
■軸色	ポーセリンホワイト、ターコイズブルー、ディープシーほか		
■本体価格	6,000円		
■問い合わせ先	プラチナ万年筆　tel. 0120-875-760　www.platinum-pen.co.jp/		

004 ライティブ

パイロットコーポレーション

万年筆の楽しみを十分味わえるハイコスパモデル

万年筆を始めたいけれど、いきなり数万円出すのは不安という人におすすめ。税込2200円で購入できるのに、価格に見合わないほど書き心地が良く、コスパが良いモデルです。万年筆の楽しみに必要なことはひととおり可能で、扱いやすく、コンバーターも使えます。透明軸のボディは中のインクを見ながら使えますし、軸の色もキレイなので、用途別に使い分けする楽しみもあります。

■商品名	ライティブ	■ペン種	万年筆（F、M）
■サイズ	最大径φ 13.5×全長 142mm		
■軸色	ノンカラー、マットブラック、アクティブホワイト、アクティブイエロー		
	アクティブネイビー、アクティブレッド		
■本体価格	2,000円		
■問い合わせ先	パイロットコーポレーション　tel. 0120-2-81610　www.pilot.co.jp/		

005 | LAMY safari
LAMY

こだわりが随所に込められたプラ軸万年筆

正しく握って筆記できるようにと学童向けに作られた万年筆。大きなクリップに、軽く壊れにくいプラスチック製ボディなのに安っぽく見えないのがすごい。量産時代の新しい万年筆として、世界に影響を与え、1980年の発売以来いまだベストセラーの逸品です。

■商品名	LAMY safari 万年筆
■ペン種	万年筆（EF、F、M）
■サイズ／重量	長さ約143×軸径約13mm／約17g
■軸色	イエロー、レッド、ブルー、ホワイト、グリーン、ピンク、シャイニーブラック、スケルトンほか
■本体価格	5,000円
■問い合わせ先	DKSHマーケットエクスパンションサービスジャパン　lamy.jp/

006 | LAMY2000
LAMY

半世紀以上経過しても古くならないデザイン

1966年に「2000年になっても古びない」ようデザインされ、2023年の今も古さを感じさせない驚愕の逸品。軸の切れ目が見えない加工や、エッジが立った削り出しのクリップなど、万年筆のモダンデザインを代表する製品。「古びないデザインとはこういうこと」と感じさせてくれます。

■商品名	LAMY 2000 万年筆
■ペン種	万年筆（EF、F、M、B）
■サイズ／重量	長さ140×軸径130mm／約20g
■軸色	ブラック
■本体価格	39,000円
■問い合わせ先	DKSHマーケットエクスパンションサービスジャパン　lamy.jp/

007 | プロフェッショナルギア スリムミニ

セーラー万年筆

008 | ユニボール ワン F

三菱鉛筆

009 | ブレン

ゼブラ

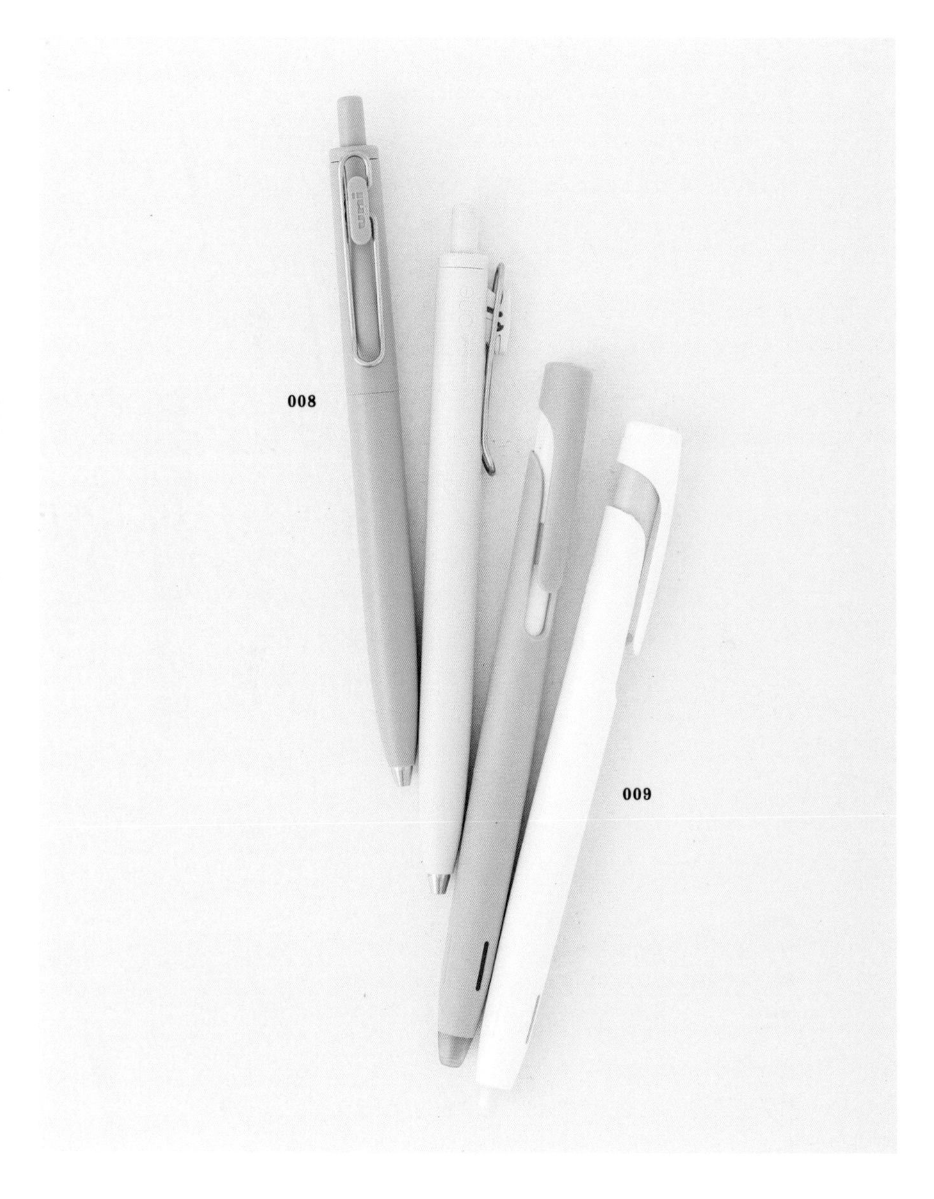

007 プロフェッショナルギア スリムミニ

セーラー万年筆

ペン先の種類が豊富で携帯しやすい本格派

セーラー万年筆の名作万年筆であるプロフェッショナルギアを、手帳などと一緒に持ち歩きやすい短めのコンパクトサイズにしたもの。最近デザインがリニューアルされ、軸の色もエレガントになったので、とくに女性におすすめの1本です。これまではカートリッジインクしか使えませんでしたが、専用の小さいコンバーターができたので、好きなインクを自由に楽しむこともできます。また、ペン先が14金なので、本格的な万年筆の入り口としてもおすすめですし、極細から太字、ズーム、ミュージックなど7種類から選べます。最近ではスチールのペン先でも十分にしなりがありますし、インクで腐食することもなくなっているので、必ずしも金のペン先のほうが圧倒的に優れているというわけではありませんが、金ペンならではの書き心地や、見た目の美しさ、ペン先調整など、本格的な万年筆ならではの楽しみ方ができる魅力があります。本格的な書き味を楽しめる製品でありながら、ポーチにも入れやすいサイズという携帯性も兼ね備えているのが良いですね。

■商品名	プロフェッショナルギア スリムミニ 金 万年筆
■ペン種	万年筆（極細、細字、中細、中字、太字、ズーム、ミュージック）
■サイズ／重量	φ17×109.5mm（クリップ部含む）※筆記時132mm／16.4g
■軸色	写真はアユールグレー（中細のみ）※7字幅ある軸色はアイボリー、ブラック、マルンのみ
■本体価格	16,000円～
■問い合わせ先	セーラー万年筆　tel. 0120-191-167　sailor.co.jp/

008 ユニボール ワン F

三菱鉛筆

世界最高品質でありながらリーズナブルなボールペン

インクが紙の中に染み込まず、ハッキリ濃く見える黒になるのが特長で、2023年、このペンのインクが世界でもっとも黒いゲルインクボールペンに登録されました。さらに軸もよくできていて、ペン先のほうに重りを入れ、筆記しやすい重心位置にしています。だれでも買える価格帯なのに世界最高水準の品質やデザインという、日本発ボールペンの最高傑作の1つ。世界に誇れる低価格モデルです。

■商品名	ユニボール ワン F　　■インク・ボール径 ゲル（0.38mm、0.5mm）
■サイズ／重量	軸径φ11.1×厚さ15.5×全長139.2mm／14.3g
■軸色	0.38mm：日向夏、消炭、無垢、花霞　0.5mm：霜柱、葉雫、茜空
■本体価格	300円
■問い合わせ先	三菱鉛筆　tel. 0120-321433　www.mpuni.co.jp/

009 ブレン

ゼブラ

機能だけでなく国産筆記具のデザインも変えた1本

通常、ノック式のペンは筆記時に少しブレますが、これはペン先の出し入れのために設けた遊びによって起こる現象です。ブレンはこのブレを抑えるパーツが先端に入っていて、ノック式なのにキャップ式同様がたつかずに筆記可能。シンプルかつフラットなデザインが特長で、これ以降の国産筆記具のデザインに大きな影響を与えたという意味でも偉大な1本です。

■商品名	ブレン　　■インク・ボール径 エマルジョン（0.5mm、0.7mm）
■サイズ／重量	最大径11.8×全長143.6mm／12.3g
■色	（軸）黒、グレー、白、パープル、ライトブルー、ミントグリーン、ライトピンク
	（インク）黒、青、赤（青、赤の軸色は白のみ）
■本体価格	150円
■問い合わせ先	ゼブラ　tel. 0120-555335　www.zebra.co.jp/

010 | ジェットストリーム 多機能ペン 4&1

三菱鉛筆

011 | ジェットストリーム プライム 3色ボールペン

三菱鉛筆

012 ｜ ジュースアップ4

パイロットコーポレーション

010 ｜ ジェットストリーム 多機能ペン 4&1
三菱鉛筆

無人島にひとつだけ持っていくならこの1本

私が毎年主催しているボールペンの人気投票で、12回連続1位の人気を誇るジェットストリーム。世界一書き心地の良いボールペンと言っても過言ではないと思っています。そんな世界最高性能のインクが黒・赤・青・緑の4色入っていて、0.5mmのシャープペン付きという全部盛り&オールラウンダーな1本なのに値段も手ごろ。私のこれまでの使用頻度No.1です。

■商品名	ジェットストリーム 多機能ペン 4&1 MSXE5-1000
■インク・ボール径・芯径	油性（0.38mm、0.5mm、0.7mm）、シャープペンシル（0.5mm）
■サイズ／重量	軸径φ13.7×厚さ18.5×全長148.8mm／21.1～23.6g
■色	（軸）0.38mm：全4色　0.5mm：全10色　0.7mm：全8色
■本体価格	1,000円
■問い合わせ先	三菱鉛筆　tel. 0120-321433　www.mpuni.co.jp/

011 ｜ ジェットストリームプライム 3色ボールペン
三菱鉛筆

細かな不満をさりげなく独自機構で解消

通常のノック式多色ペンは構造上、ノックしてスライドさせたパーツが本体に沈み込みます。このペンはそれを防ぐためのノック機構を新開発。沈み込むことで指を掛けにくくなったり、安っぽさを感じたりはしますが、そんな「気になる人しか気にならない」点を解消するために、このペンだけの独自機構を開発し、それをあえて目立たせていないところが良いですね。

■商品名	ジェットストリーム プライム 3色ボールペン
■インク・ボール径	油性（0.5mm、0.7mm）
■サイズ／重量	軸径φ11.0×厚さ16.5×全長143.4mm／27.0g
■色	（軸）ブラック、ベージュ　（インク）黒、赤、青　■本体価格　3,300円
■問い合わせ先	三菱鉛筆　tel. 0120-321433　www.mpuni.co.jp/

012　ジュースアップ4

パイロットコーポレーション

手帳と携帯しやすいスリムな多色ペン

細いボール径でありながら、「ジュースアップ」という名前のとおりにジューシーでシズル感のある滑らかなインクが出てくるという、書き味の良い単色ボールペンがあります。これはその4色ペン版なのですが、軸の直径が最大部分でも11.8mmと細いため、通常の単色ボールペンと同じくらいのスリムさで4色を使い分けできます。ふつうの多色ボールペンの場合、ちょっと軸が太くて、手帳のループ部分などに上手く挿すことができない場合があります。このペンは軸がスリムで、余計な凸凹もないストレートタイプなので、単色ペンしか入らないような細いペン挿しでもスッと入りますし、0.4mm径で細かい文字が書けますから、手帳に合わせて持つ多色ペンとしておすすめです。私は黒・青・赤の3色だけでなく、緑色をよく使うので4色ボールペンのほうが好きなのですが、これは書き心地もインクの発色も良いので使う頻度が高いです。単色ペン並みの細さと軽さで持ち運びしやすく、価格がリーズナブルなのも良いところ。

■商品名	ジュースアップ4
■インク・ボール径	水性顔料ゲル（0.4mm）
■サイズ／重量	最大径φ11.8×全長144mm／14.4g
■色	（軸）ブラック、ミッドナイト、シルバー、ホワイト、コーラル、ミント
	（インク）黒、赤、青、緑
■本体価格	600円
■問い合わせ先	パイロットコーポレーション　tel. 0120-2-81610　www.pilot.co.jp/

013 ｜ ANTOU ボールペンC マルチアダプタブルペン
Jetsetter

014 | Vコーン

パイロットコーポレーション

015 | アクロ300

パイロットコーポレーション

014

015

013 | ANTOU ボールペンC マルチアダプタブルペン

Jetsetter

好みの替え芯を楽しむための金属塊

これは台湾のANTOUというブランドが作った、さまざまな芯を楽しめる製品です。ボールペンの替え芯（リフィル）は、メーカーごとに太さや形状が違っていて、通常、ほかのメーカーのボディに芯を入れることはできません。しかし、これは先端のパーツの爪部分とキャップのネジを使って、ほぼすべてのメーカーの芯を入れて固定することを可能にしています。ジェットストリームでもフリクションでもブレンでも、自分の好きな芯を入れて好みの書き味のペンに変えられるというものです。ほかのペンにはない“金属のカタマリ”感があって重めのボディなので、私はとくにジュースアップのような、ゲルインクで細めの芯をおすすめします。筆記時に立てるようにすると、軸の自重で気持ちよく書けます。ボディにスリットがあり、入っている芯も確認でき、キャップがマグネット式でカチッと閉まるのも気持ちいいですね。今、台湾の文房具の商品企画は熱くて面白いものが多くあります。この商品もその1つで、大手が参入しづらい領域でうまく作った好例だと感じます。

■商品名	ANTOU ボールペンC マルチアダプタブルペン
■サイズ／重量	軸径φ12.5×全長145mm／38g
■軸色	シルバー、ガンメタル、ブラック、パオラン（宝藍）
■本体価格	11,000円
■問い合わせ先	Jetsetter tel. 072-724-9164 mail: info@jet-setter.jp jet-setter.jp/

※専用アルミボックス付き

014 Vコーン

パイロットコーポレーション

税込110円にして水性ボールペンの到達点

Vコーンは水性ボールペンのある種の到達点と言えます。適量のインクが出るように空気が入るシステムが搭載され、万年筆に近い挙動で力を入れずに書けますし、染料インクながら耐水性でにじみにくい。筆記線の幅すべてに均等に色が付くので視認性が高いのも特長で、本体が非常に軽く、書くのも読むのもラクな1本。紙によくなじむインクで、罫線に弾かれにくいのも便利です。

■商品名	Vコーン	■インク・ボール径	水性(0.5mm)
■サイズ/重量	最大径φ11.3×全長135mm/9.2g		
■色	ブラック、レッド、ブルー		
■本体価格	100円		
■問い合わせ先	パイロットコーポレーション tel. 0120-2-81610 www.pilot.co.jp/		

015 アクロ300

パイロットコーポレーション

プラスチック素材の量産品における最高峰デザイン

パイロットが誇る低粘度油性インク、アクロインクが搭載されたボールペン。そのインクのしずくが滴り落ちる形を落とし込んだデザインで、先端に向けて少し膨らんだ、艶のあるボディの流線形のラインが美しい。中央のリングも良いアクセントで、欧州の筆記具の真似ではない、日本独自のデザイン性を感じます。プラ素材の量産品のデザインとしてこれに勝る形はないのでは。

■商品名	アクロ300	■インク・ボール径	油性(0.3mm、0.5mm、0.7mm)
■サイズ/重量	最大径φ10.1×全長143mm/10.9g		
■色	(軸)0.3mm:全6色、0.5mm:全6色、0.7mm:全4色 (インク)黒		
■本体価格	300円		
■問い合わせ先	パイロットコーポレーション tel. 0120-2-81610 www.pilot.co.jp/		

016 | エナージェル インフリー

ぺんてる

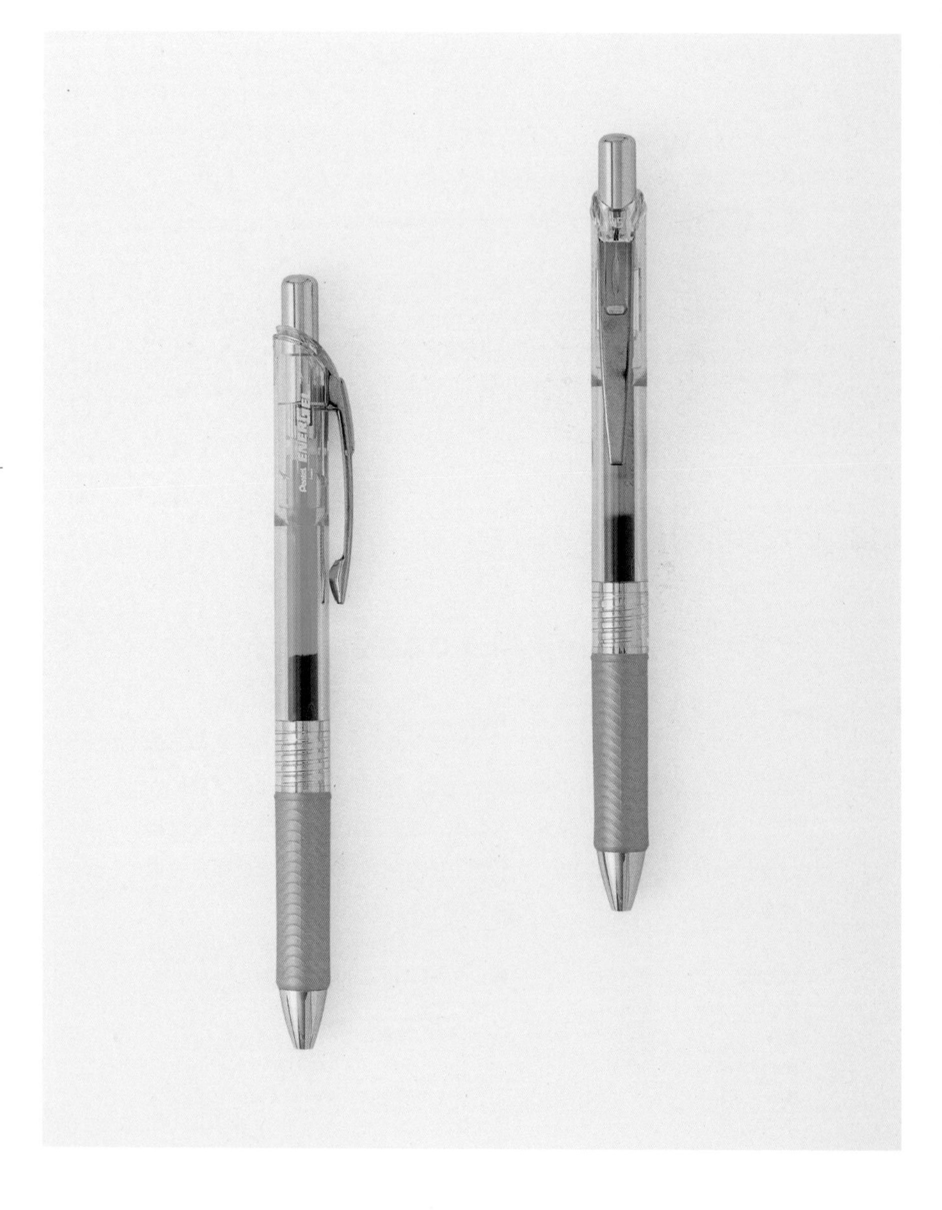

017 フリクションボールノックゾーン

パイロットコーポレーション

016 | エナージェル インフリー

ぺんてる

透明軸に変えたことで性能の良さがバレた1本

エナージェルインフリーは、ゲルボールペン「エナージェル」のボディを透明軸に変えただけで、すごくキレイでカッコよくなったという、“眼鏡外したらじつは美人だった”みたいな商品。もともとエナージェル自体が、黒インクが濃くて読みやすく、速乾性があって、とめ・はね・はらいが表現しやすいので字がきれいに見えるということで、履歴書を書くのに最適な“就活ペン”として有名で、性能は間違いない逸品です。しかし、ボディがメタリックで男性的な色合いということもあってか、“知る人ぞ知る名品”的なボールペンでした。それがあるとき、限定版としてボディが透明になり、インクもターコイズブルーやオレンジなどの限定色にして出したら、一瞬で売り切れが続出し、どの店でも買えなくなるほど爆発的人気商品に。今では定番品となってインクも多色化し、バーガンディとかラフグレーといった絶妙な色も用意されています。金型は変えず、軸とインクを少し変えたことで、本来の性能の良さが世間に気づかれたという1本です。

■商品名	エナージェル インフリー
■インク・ボール径	ゲル（0.4mm、0.5mm、0.7mm）
■サイズ／重量	軸径11×全長147mm／13g
■色	（軸）クリア　（インク）ターコイズブルー、ラフグレーなど全10色
■本体価格	230円
■問い合わせ先	ぺんてる　tel. 0120-12-8133　www.pentel.co.jp/

017 | フリクションボールノックゾーン

パイロットコーポレーション

消せるボールペンの2大問題を解消

フリクションボールと言えば、ラバーで擦る摩擦熱でインクを透明化できる、いわゆる「消せるボールペン」ですが、このジャンルのボールペンとしては性能が高くてほぼ独走状態です。このペンはそのフリクションボールのバージョンアップ版。アンケートをとってフリクションの不満を聞くとよく挙がる「色が薄い」「インクがすぐなくなる」という2大問題を改善しています。まずインクの濃さですが、黒は30%、赤と青は15%アップ。そのうえでリフィルに薄い金属を使うことで、インクの容量を70%増やしました。新しいインクリフィルには「Ver.2」という表記があって、これまでの技術を一歩進めて次世代へつなぐという意思が感じられます。加えて、ペン先のがたつきを抑えたり、ノック時のカチャカチャ鳴るノイズを78%低減する静音設計にしたりなど、今できることを全部盛りしているのも良いですね。消せるボールペンに対して軸が安っぽいというイメージを持つ人もいるかと思いますが、このウッドタイプのボディなら、大人でも使いやすい高級感があっておすすめです。

■商品名	フリクションボールノックゾーン
■インク・ボール径	ゲル（0.5mm、0.7mm）
■サイズ／重量	最大径φ11.4×全長 150mm／22g
■色	（軸）ダークブラウン、ディープレッド、ブラック　（インク）ブラック
■本体価格	2,000円
■問い合わせ先	パイロットコーポレーション　tel. 0120-2-81610　www.pilot.co.jp/

018 ｜ タッチミー！ アートペン／ウッドポストカード

ペノン

019 ｜ ZOOM L1／ZOOM L2／ZOOM C1

トンボ鉛筆

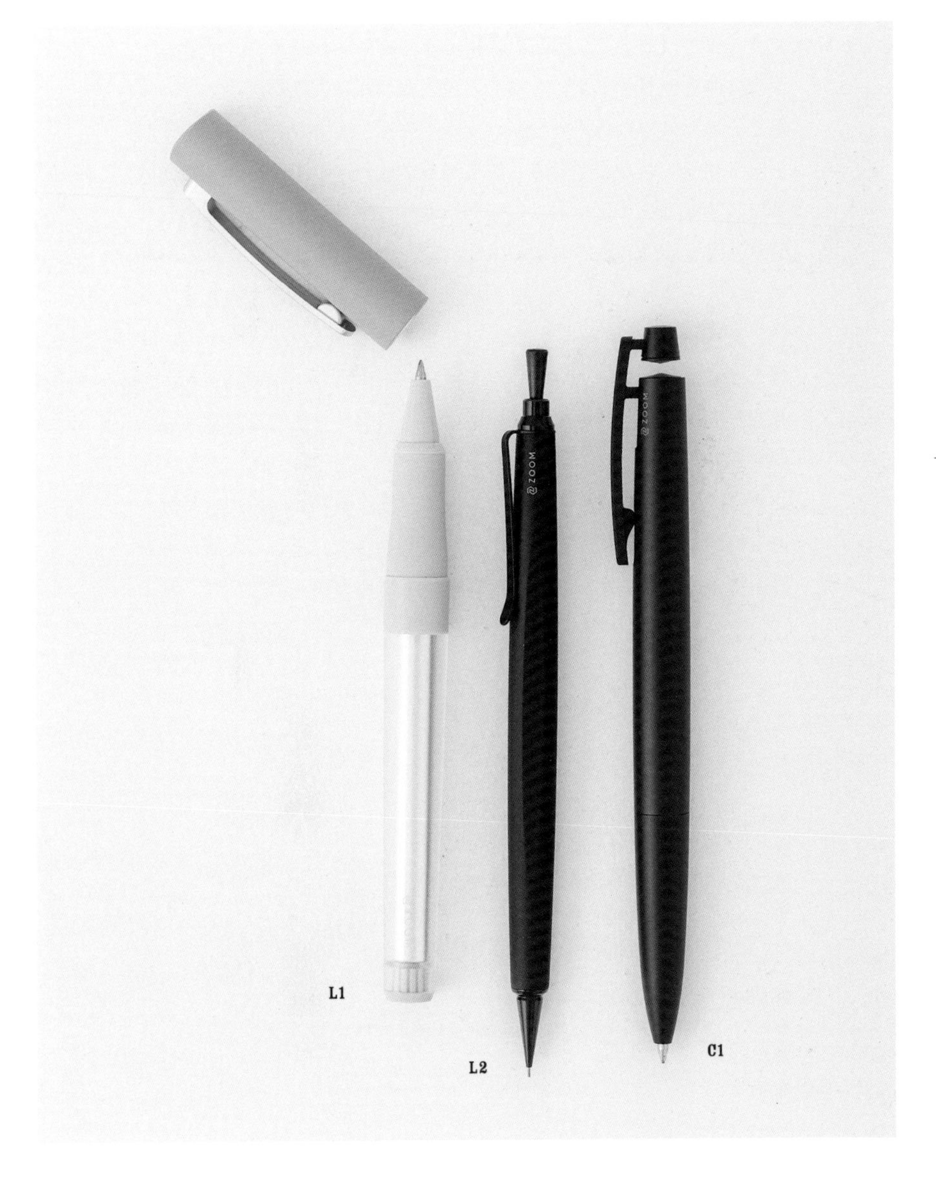

018 タッチミー！ アートペン／ウッドポストカード

ペノン

まるで名画を直接触っているかのような手触り

ボディに世界の名画が印刷されているボールペンですが、ただ印刷するだけではなくて、凹凸を表現できる特殊印刷なので、油絵のような立体感があります。ちゃんと絵に合わせた凹凸を再現していて、触り心地も気持ちがいいし、ゴッホやモネ、ルノワールなどの作品を直接触っているような感じがしてきます。ペンの芯自体は国内の筆記具メーカー「オート」が開発したニードルポイントを採用しており、書き心地も抜群です。木でできた軸は鉛筆と同じような軽さで、扱いやすいペンです。そもそもこのペンを企画しているペノンは、SDGsやエシカルなものづくりを強く意識しているメーカー。なるべくプラスチックを使わず、伐採した本数以上の植林が約束された、森林認証木材を使っています。使い終わった芯は無償回収でリサイクルされたり、紙でできたパッケージを組み立ててペンスタンドにできたりする工夫も。木の板に、同じ絵柄で同様に立体感のある特殊印刷がされたポストカードもあります。手ごろな値段で質感が良いので、ちょっとしたプレゼントにもおすすめですね。

■商品名	タッチミー！ アートペン
■インク・ボール径	ゲル（0.5mm）
■サイズ／重量	軸径約7.7×全長約126.5mm／約7g
■色	（軸）モネ 睡蓮、葛飾北斎 凱風快晴ほか　（インク）黒
■本体価格	1,364円

■商品名	タッチミー！ ウッドポストカード
■サイズ／重量	約148mm×約103mm×厚さ約2.8mm／33g
■本体価格	545円
■問い合わせ先	ペノン　tel.03-6825-1237　mail: info@penon.co.jp　www.penon.co.jp

019 ZOOM L1／ZOOM L2／ZOOM C1

トンボ鉛筆

日本発の意欲的なコンテンポラリーデザインペン

もともとZOOMというブランドはトンボ鉛筆が1986年に始めたものですが、そのリブランディングとして、ロゴも変更し新登場したのが「L1」「L2」「C1」の3本です。日本発のコンテンポラリーデザインペンということで、トンボ鉛筆というメーカー名すらペンには入れておらず、いずれも素材や加工、形、色などにこだわっています。「L1」は初代のZOOM製品の面影を残しながらも、ボディに透明度が高くて強度のある植物由来のプラスチックを採用。メタリックな軸が透けているように見える独特の質感を持っており、見る角度によっては異素材のキャップと同じ色に見えてきます。「L2」は逆円錐のノックパーツがシャープな印象のペンですが、しっとりとしたラバー塗装の質感が最高です。ラバー塗装は長期間置いておくとベタベタしてしまうことがありますが、これはそうならない新素材で、実用性も高いと言えます。「C1」は後ろのノックパーツが浮いているように見えるペン。不完全や未完成、いびつなものにも美を見出す日本ならではの発想のデザインで、ボディは一般的なアルミよりも堅牢な航空機にも使われるジュラルミン製。日本から世界に誇るブランドをつくろうという意欲を感じられます。

■商品名	ZOOM L1／ZOOM L2／ZOOM C1
■ペン種	【L1】水性ゲルボールペン（キャップ式）、【L2】油性ボールペン（ノック式）、シャープペンシル（0.5mm）、【C1】油性ボールペン（ノック式）、シャープペンシル（0.5mm）
■サイズ／重量	【L1】18.3×140mm／22.5g、【L2】油性ボールペン：11.8×142.7mm／13.7g、シャープペンシル：11.8×139.9mm／12.3g、【C1】油性ボールペン：16.2×143.4mm／21.2g、シャープペンシル：16.2×143.7mm／22.3g
■色	【L1】フルブラック、シルバー、グラファイトブルー、マットグレー、マットブラウン、マットブルー、【L2】マットフルブラック、マットホワイト、マットシルバー、マットラベンダー、マットグレー、マットブルー、【C1】フルブラック、サンドシルバー、グラファイトブルー
■本体価格	【L1】4,000円、【L2】3,200円、【C1】7,000円
■問い合わせ先	トンボ鉛筆　tel.0120-834198　www.tombow.com/

020 ｜ オレンズネロ

ぺんてる

021 | クルトガ KSモデル

三菱鉛筆

022 | S20

パイロットコーポレーション

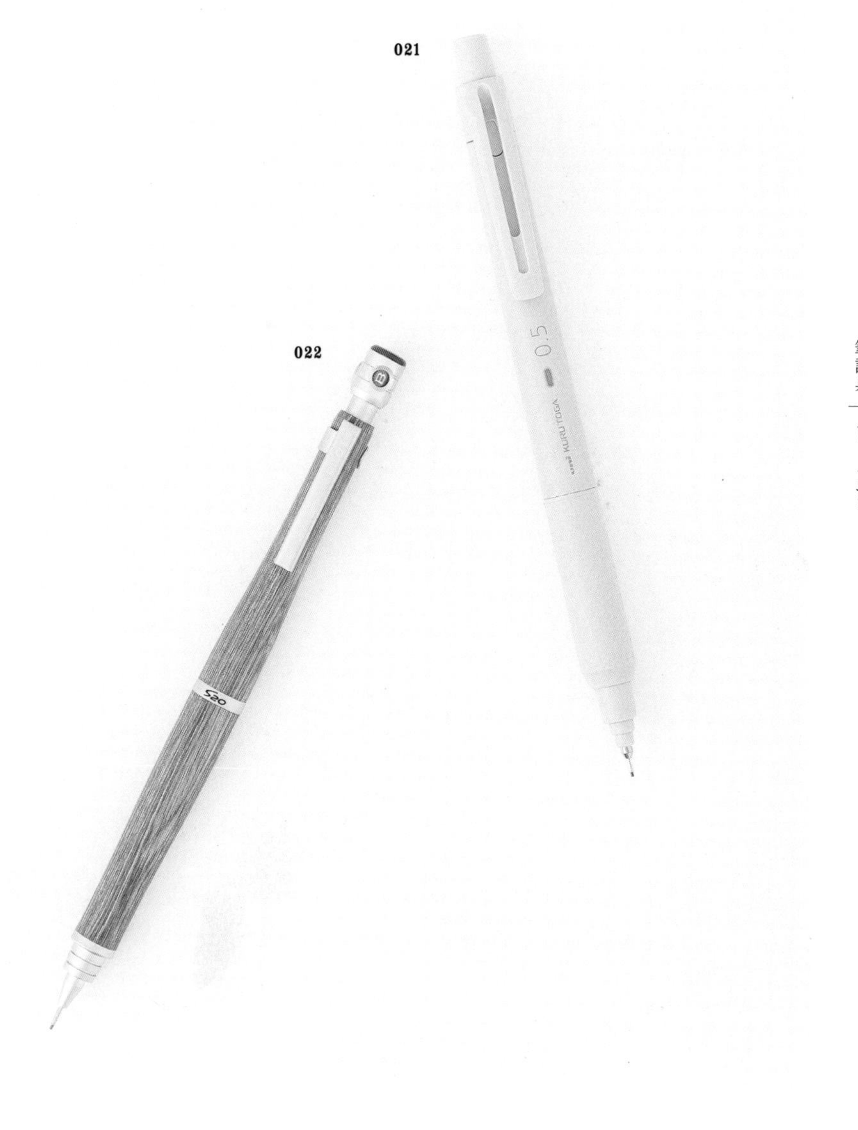

020 | オレンズネロ

ぺんてる

0.2mmの極細芯なのに折れずに書ける

ぺんてるが半世紀にわたり追求してきた、技術開発力を結実させた究極の１本。針のように細く折れやすいのですが、先端パイプが芯を守ることで折れないようにしたものが「オレンズ」で、その最高峰モデルが「オレンズネロ」です。折れないだけでなく、1回ノックしたあとはペン先を紙面から離すたびに芯が出てくる「自動芯出し機構」も搭載。メーカーによれば､太宰治の「走れメロス」をちょうど書き切る分ノック不要だそう。また、軸に使っている素材が、同じ樹脂でも前半分と後半分で微妙に異なり、前半分には鉄粉が溶かしてあるため若干重くなっていて、手馴染みの良い重量バランスになっているなど、ボディのこだわりがすごい。ほかにも十二角形のボディに長めのグリップ付きで、どこを持っても持ちやすくなるよう設計されているなど、製図用シャープペンを長年作り続けてきたメーカーの底力を感じます。非常に繊細な線が引けるので、イラストの下絵や図面を描く用途、ノートをなるべく汚さず几帳面に書きたい人などにおすすめ。

■商品名	オレンズネロ
■芯径	0.2mm、0.3mm、0.5mm
■サイズ／重量	軸径10×全長143mm／18g (0.2mm／0.3mm)、17g (0.5mm)
■色	(軸) ブラック
■本体価格	3,000円
■問い合わせ先	ぺんてる　tel. 0120-12-8133　www.pentel.co.jp/

021 クルトガ KSモデル

三菱鉛筆

クルトガ待望のアップデート版

筆記するたびに芯が少しずつ回転して先端がトガり続け、ずっと細い文字を書き続けられるという独自機構を持つ「クルトガ」。このモデルは、芯を回すために必要な筆記時の沈み込みを大幅に抑え、書き心地が向上。また、知名度が上がって、軸に透明窓を開けて芯の回転を強調する必要性が薄くなったため、持ちやすいエラストマーグリップを採用し、デザイン性や使い勝手も向上しました。

■商品名	クルトガ KSモデル
■芯径	0.3mm、0.5mm　■サイズ／重量　軸径11.2×厚さ13.8×全長145mm／11.2g
■色	0.3mm：ブルー、ブラック、アイスブルー、ライトグレー
	0.5mm：ブルー、ネイビー、アイスブルー、ライトグレー（写真はライトグレー）
■問い合わせ先	三菱鉛筆　tel. 0120-321433　www.mpuni.co.jp/　■本体価格　550円

022 S20

パイロットコーポレーション

持ちやすいスリムな木軸シャープペン

木軸シャープペンには珍しく、スリムなボディが大きな特長です。薄い木材は割れやすいため、木を使った量産品はずんぐりした太軸のものが多いなか、これは木材に樹脂を染み込ませた樹脂含浸カバ材を使用し、スリム化に成功。木軸独特の触り心地と高級感、ボディのキレイな流線型のライン、スリムで持ちやすい軸の細さなど、繊細な美しさがいいですね。

■商品名	S20（エストゥエンティ）　■芯径　0.3mm、0.5mm
■サイズ／重量	最大径φ10.6×全長146mm／18.0g
■色	（軸）ブラウン、ブラック、マホガニー、ダークブラウン、ディープレッド
■本体価格	2,000円
■問い合わせ先	パイロットコーポレーション　tel. 0120-2-81610　www.pilot.co.jp/

023 ｜ ユニ メタルケース／ユニ 詰替用

三菱鉛筆

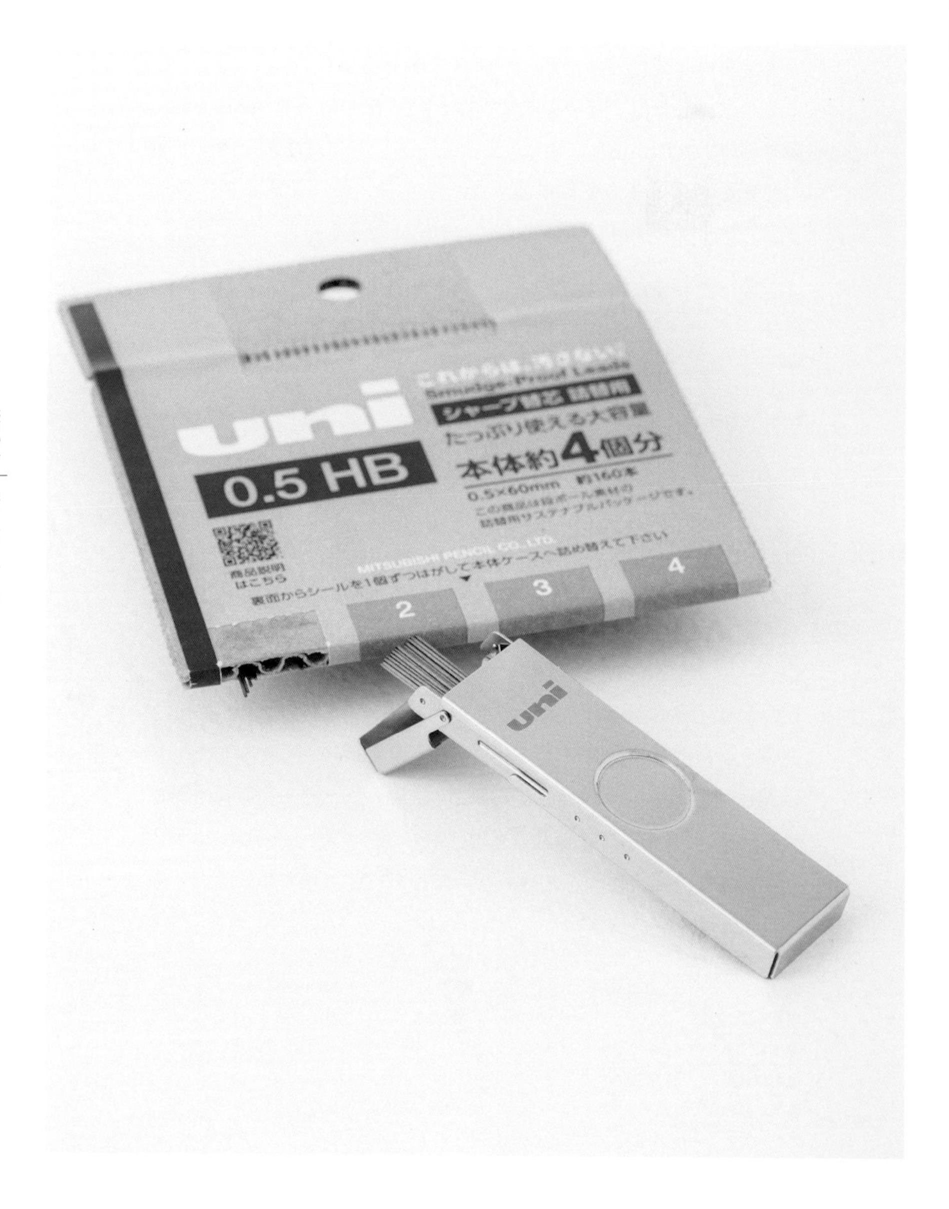

024 | テキストサーファー ゲル

ステッドラー日本

025 | 2トーンカラーマーカー マークタス

コクヨ

023 | ユニ メタルケース／ユニ 詰替用

三菱鉛筆

環境への配慮をカッコよく実現する逸品

シャープペンの替え芯ケースは、どことなく安っぽさがあり、使い捨てを前提にしている感じがあります。せっかく大人向けの素敵なシャープペンを使っていても、プラスチックの替え芯ケースでは気分が上がりません。そこで、Zippoのオイルライターのように道具としてカッコよくしたのがこのメタルケースです。高級な替え芯ケースはほかにもありますが、これはフタがシャキッとスライド開閉して使い勝手も良いのがポイントです。また、これと同時期に詰め替え用の替え芯をダンボールパッケージで作ったところが素晴らしいと思います。ダンボール素材の断面の、波型になっている部分に直接替え芯が入っているのが面白い。1つのパッケージに約4ケース分が入っています。エコロジーとか環境に配慮とか言われても、商品自体がカッコ悪いのは正直イヤじゃないですか。これなら、毎回プラスチックケースを使い捨てせずにすみます。このメタルケースは設計がしっかりしているので、一生モノとして使い続けることを考えたら、この値段は決して高くはないと思います。

■商品名	ユニ メタルケース
■芯径	0.3mm（HB）、0.5mm（HB）
■サイズ／重量	横20×厚さ7×縦68mm／19.8～20.6g
■本体価格	1,500円

■商品名	ユニ 詰替用
■芯径	0.3mm（HB、B）、0.5mm（HB、B）
■サイズ／重量	横100×厚さ4×縦109mm／9.5～12.5g
■本体価格	800円
■問い合わせ先	三菱鉛筆　tel. 0120-321433　www.mpuni.co.jp/

024 テキストサーファー ゲル

ステッドラー日本

目がチカチカしない柔らかい色味が特徴

これは私が読書する際の必需品です。ふつうの蛍光ペンで重要な箇所にラインを引くと、インクが紙の裏まで染みたり、色が強すぎたりするものです。テキストサーファーゲルはクレヨン風の素材なので水分がほぼなくて裏抜けしないし、色の加減が柔らかく絶妙に読みやすい。引いたところを強調するだけではなく、あとから見直すときに読みやすいのもポイント。明暗差が出るのに目がチカチカしません。フタをせずに使えるところも便利です。

■商品名	テキストサーファーゲル	■ペン種	固形蛍光マーカー（繰り出し式）
■サイズ／重量	長さ137×φ12mm／13.5g		
■色	オレンジ、イエロー、ピンク、ブルー、グリーン	■本体価格	200円
■問い合わせ先	ステッドラー日本　tel. 03-5835-2815　www.staedtler.jp/		

025 2トーンカラーマーカー マークタス

コクヨ

2色の組み合わせを工夫した蛍光マーカー

2色を使い分けできるマーカーで、良いところは色の組み合わせです。青、黄色などのように色が異なるとどちらが重要かわかりにくくなりますが、濃いピンクと薄いピンクという同系色のため重要性の強弱を簡単につけられます。またグレーを含む組み合わせもあり、こちらは不要な箇所を消す作業に向いています。例えばイベントの受付で来場者をピンク、欠席の連絡が来た人をグレーにしておけば、あと何人待つ必要があるかが一目で分かります。

■商品名	2トーンカラーマーカー〈マークタス〉	■ペン種	水性マーカー
■サイズ	長さ131×φ15mm		
■色	〈カラータイプ〉全10色、〈グレータイプ〉全5色	■本体価格	170円
■問い合わせ先	コクヨ　tel. 0120-201-594　www.kokuyo.co.jp/support/		

026 | メタシル

サンスター文具

027 | トラディオ プラマン

ぺんてる

028 ボードマスター／イレーザー モヘアタイプ

パイロットコーポレーション

026 | メタシル

サンスター文具

現代技術で絶滅筆記具がよみがえる！

黒鉛と金属を含んだ特殊芯で書く、鉛筆に似た筆記具。12世紀頃の「メタルポイント」の末裔に該当しますが、そんな“絶滅筆記具”が現代の技術で進化し、濃く書けてふつうの消しゴムで消せる形で復活したことにロマンを感じます。鉛筆と比べ減りが非常に遅く、削らずに1本で約16kmも筆記が可能。ヘビーユーザー向けには替え芯も。

■商品名	metacil（メタシル）
■ペン種	メタルペンシル
■サイズ／重量	7.8×160×7.8mm／14g
■色	（軸）全6色　（芯）黒
■本体価格	900円
■問い合わせ先	サンスター文具　tel. 03-5835-0094　www.sun-star-st.jp/

027 | トラディオ プラマン

ぺんてる

ほかに類似品のない独特な書き心地

文字はもちろんアイデアスケッチなどを書く人におすすめ。とにかく楽に書けて表現の幅が広く、万年筆のようなとめ・はね・はらいが出せて、ペン先の裏表により書き味も変えられる。この書き心地は類似製品があまりなく、これでなきゃダメというアーティストも多い逸品。

■商品名	トラディオ プラマン
■ペン種	水性ペン／筆記線幅0.4〜0.7mm
■サイズ／重量	19×14×145mm／15g
■色	（軸）黒　（インク）黒、赤、青
■本体価格	500円
■問い合わせ先	ぺんてる　tel. 0120-12-8133　www. pentel.co.jp/

028 ボードマスター／イレーザー モヘアタイプ

パイロットコーポレーション

つねに濃く書けるホワイトボードマーカー

私の場合、ホワイトボードを使って自分がプレゼンする可能性があるときは、ボードマスターを持参しています。備え付けのマーカーが黒々とハッキリ書ける確率は、正直50％を切っていると思いませんか？　通常のボードマーカーのインクは徐々に薄くなっていき、捨てるタイミングが分かりにくいものです。ボードマスターはタンクにインクがなみなみと入った直液式なので、徐々に薄くなることがなく、カートリッジが透明なのでインクの残量が確認でき交換時期が分かるため、インクが薄いまま放置せずに済みます。色もパキッとした黒で、視認性が非常に高い。ボードイレーザーは表面の毛足が長く、ブラシ状なのが良いですね。こういう商品はフェルトやスポンジのものが多く、マーカーのインクの消しカスで目詰まりを起こして、徐々に消せなくなります。ボードイレーザーは毛足が寝づらいため目詰まりも起こりにくく、水洗いで汚れを落とせます。ホワイトボードの使用頻度が高い人にとってインクが出ない＆消せないストレスは大きいのでおすすめです。

■商品名	ボードマスター
■ペン種・芯径	アルコール系顔料インキマーカー　（丸芯）中細字1.7mm、中字2.3mm、太字3.2mm／（平芯）中字2.2〜5.2mm、太字3.0〜6.2mm、極太5.0〜12mm
■サイズ	すべて長さ×最大径φ：135×24.0mm（中細字丸芯、中字丸芯、中字平芯）、115×27.2mm（太字丸芯、太字平芯）、115×28.6mm（極太平芯）
■色	各ペン種×全5色
■本体価格	120円（中細字丸芯、中字丸芯、中字平芯）、180円（太字丸芯、太字平芯）、250円（極太平芯）

■商品名	ボードイレーザー モヘアタイプ
■サイズ	50×100×59mm（Mサイズ）、54×138×67mm（Lサイズ）
■本体価格	400円（Mサイズ）、500円（Lサイズ）
■問い合わせ先	パイロットコーポレーション　tel. 0120-2-81610　www.pilot.co.jp/

029 | 文字を照らすガラスペン

ハリオサイエンス

030 | ギターガラスペン オーロラ キャップ付

寺西化学工業

029 文字を照らすガラスペン

ハリオサイエンス

インクの色がキレイに映えるガラスペン

今、ガラスペンが流行っていますが、その背景には、ご当地インクやイベントなど、インク自体を楽しむ文化が広がったことが挙げられます。多くのインクをためしたい場合、万年筆ではいちいち面倒な洗浄作業が必要になりますが、ガラスペンなら水で洗うだけで、すぐに別のインクを使えます。「インクを楽しむ」という趣旨から考えると、この「文字を照らすガラスペン」はおすすめです。インクをつけるペン先が乳白色になっているので、黄色など薄いインクでもハッキリと色を確認できます。また、一般的にガラスペンは、豪華なものになると軸が長くなってデスク上では邪魔になりがちです。「文字を照らすガラスペン」は、軸が長すぎないので収納しやすく安定感もあります。ガラスペンの多くは工芸作家さんが作っていて、ガラスペンそのものの美しさを追求していたり、それ自体コレクションの対象になったりしています。そうした観点とは異なり、あくまでインクを引き立たせるためのガラスペンというコンセプトにこだわっているところが、本商品の良いところです。

■商品名	文字を照らすガラスペン
■ペン種	ガラスペン（中字、太字）
■サイズ／重量	15×15×105mm／32g
■本体価格	10,000円
■問い合わせ先	ハリオサイエンス　tel.03-5832-9571　hariosci.thebase.in/

030 ギターガラスペン オーロラ キャップ付
寺西化学工業

持ち運び可能なキャップ付きガラスペン

ガラスペンはガラスでできているので「落としたら割れる」という問題点があります。机から落としても割れますし、友だちとインクを持ち寄って集まるときなどに持ち運ぶのも怖いですよね。そうした問題点を克服するために、いわゆるガラスペンの工房ではない文具メーカーの寺西化学工業さんが作ったのがこのガラスペンです。軸は樹脂でできていて、ペン先部分のみガラスで作成。キャップが付いているので、万年筆のようにペンケースに入れて持ち運んでも、ペン先が折れるリスクが非常に低い。こういうプラスチックの軸はガラスペン作家さんでは作ることが難しかったり、ある程度のロット数が必要になったりするので、そういうところを文具メーカーとして解決した製品です。持ち運びできるガラスペンというのは、これまでにも数は少ないもののいくつか出てきてはいますが、現時点でこのガラスペンのデザインが断トツにキレイだと思います。携帯しやすくカジュアルにガラスペンを楽しむなら、この1本がおすすめです。

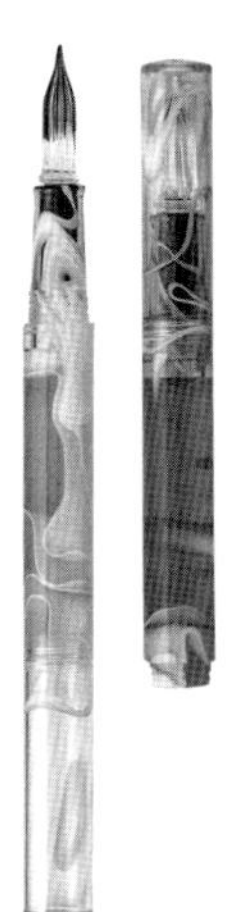

■商品名	ギターガラスペン オーロラ キャップ付
■ペン種	ガラスペン
■サイズ／重量	108×13mm／12〜15g
■色	アイスブルー、アイスミント、ピーコックブルー、サンセットピンク
■本体価格	4,500円
■問い合わせ先	寺西化学工業　tel. 06-6928-3101　www.guitar-mg.co.jp

031 | 完美王

呉竹

032 | 万年筆ペン先のつけペン hocoro

セーラー万年筆

033 | 色辞典

トンボ鉛筆

031 | 完美王
呉竹

初心者でも失敗しにくい筆ぺん

多くの筆ぺんは柔らかいボディを握ってインクを出すタイプですが、この製品はサインペンなどと同じで軸が硬く、自動的に適量のインクが出ます。インクはクッキリと黒く、比較的速く乾き、初心者にも使いやすい。私は年賀状を書く際に使います。名前や住所を手書きするときはほかの作業をせず、その人のことを必ず思い出すというのがいいなと思っています。

■商品名	くれ竹美文字 完美王		
■ペン種・インク色	(中字) 墨液、朱墨、うす墨 (極細、太字) 墨液		
■サイズ／重量	14×14×174mm／17g	■本体価格	500円 (太字のみ600円)
■問い合わせ先	呉竹　tel. 0742-50-2050　www. kuretake.co.jp/		

032 | 万年筆ペン先のつけペン hocoro
セーラー万年筆

ガラスペン感覚で万年筆のペン先を使う

万年筆のペン先だけを軸に取り付けた筆記具です。頻繁にインクをつける必要がありますが、インク瓶にペン先を浸けて書き、使ったらペン先を洗うだけで片付けられるので、万年筆よりも扱いはラク。この商品は、ペン先を軸に収納するとペンケースに入る短めのサイズで、新しいつけペンの形として設計されているのが良いですね。

■商品名	万年筆ペン先のつけペン hocoro (ホコロ)
■ペン種	2.0mm幅、1.0mm幅、筆文字、中字、細字
■サイズ／重量	φ10.7×135mm (筆記時)、119mm (ペン先収納時)／6.5g
■軸色	グレー、白
■本体価格	1,450円 (筆文字、2.0mm幅)、1,350円 (1.0mm幅、中字、細字)
■問い合わせ先	セーラー万年筆　tel. 0120-191-167　sailor.co.jp/

033 | 色辞典

トンボ鉛筆

まるで本のように収納できる色鉛筆

この色鉛筆はブック型のパッケージになっているのが特徴で、トーンごとに第一集、第二集、第三集と3つに分かれています。各パッケージには10本で1冊として3冊分含まれていて、9冊合わせると90色あり、これとは別で単色10色がラインナップされているので全100色あります。第一集〜第三集はそれぞれ淡い色や鮮やかな色、深い色、くすんだ色、ベーシックな色などが、テーマごとにコーディネートされて分けられているので、ときどき取り出して、好きな組み合わせのものを選んで使ってみる、といった楽しみ方もおすすめです。色鉛筆は書いているときだけでなく、持っていること自体にも楽しさがある道具なので、ふだんは本棚に立ててあるほうが収まりも良いし、使いたいときにすぐ取り出せます。パッケージもゴムバンドがあって勝手に開かないし触り心地も良い。色鉛筆はエモいツールでもあるので、一般的な色合いの12色ではなく、こういう特徴のある色の組み合わせのほうが描きたい気持ちが生まれやすく、そういうところも重要だと思います。

■商品名	IROJITEN（色辞典）
■サイズ／重量	95×55×198mm／360g（1集分）
■本体価格	第一集〜第三集：各3,600円、36色セレクトセット：4,600円
■問い合わせ先	トンボ鉛筆　tel. 0120-834198　www.tombow.com/

034 ｜ ホクサイン

クツワ

035 ｜ ミミック ナンテン

銀座・五十音／信頼文具舗

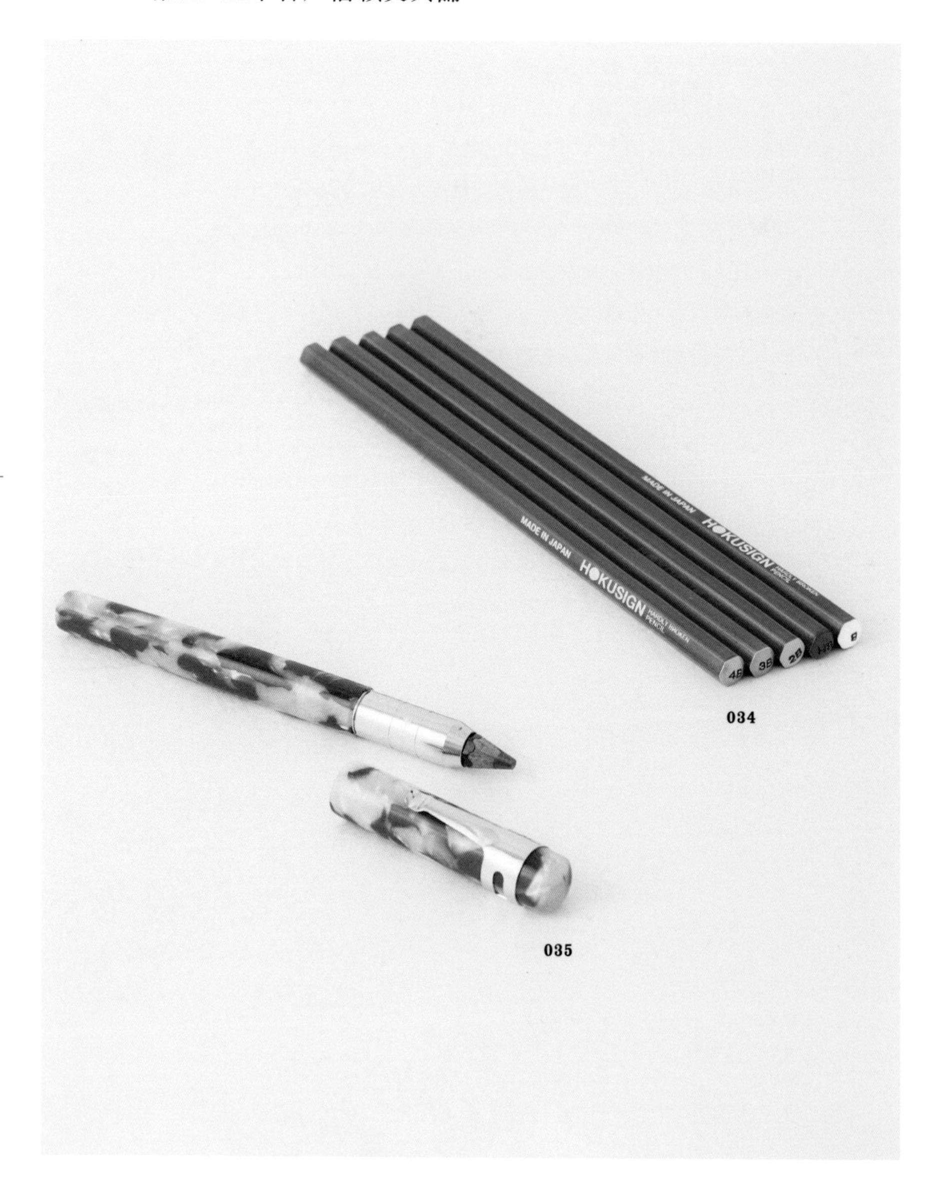

036 | エンゼル5ロイヤル3

カール事務器

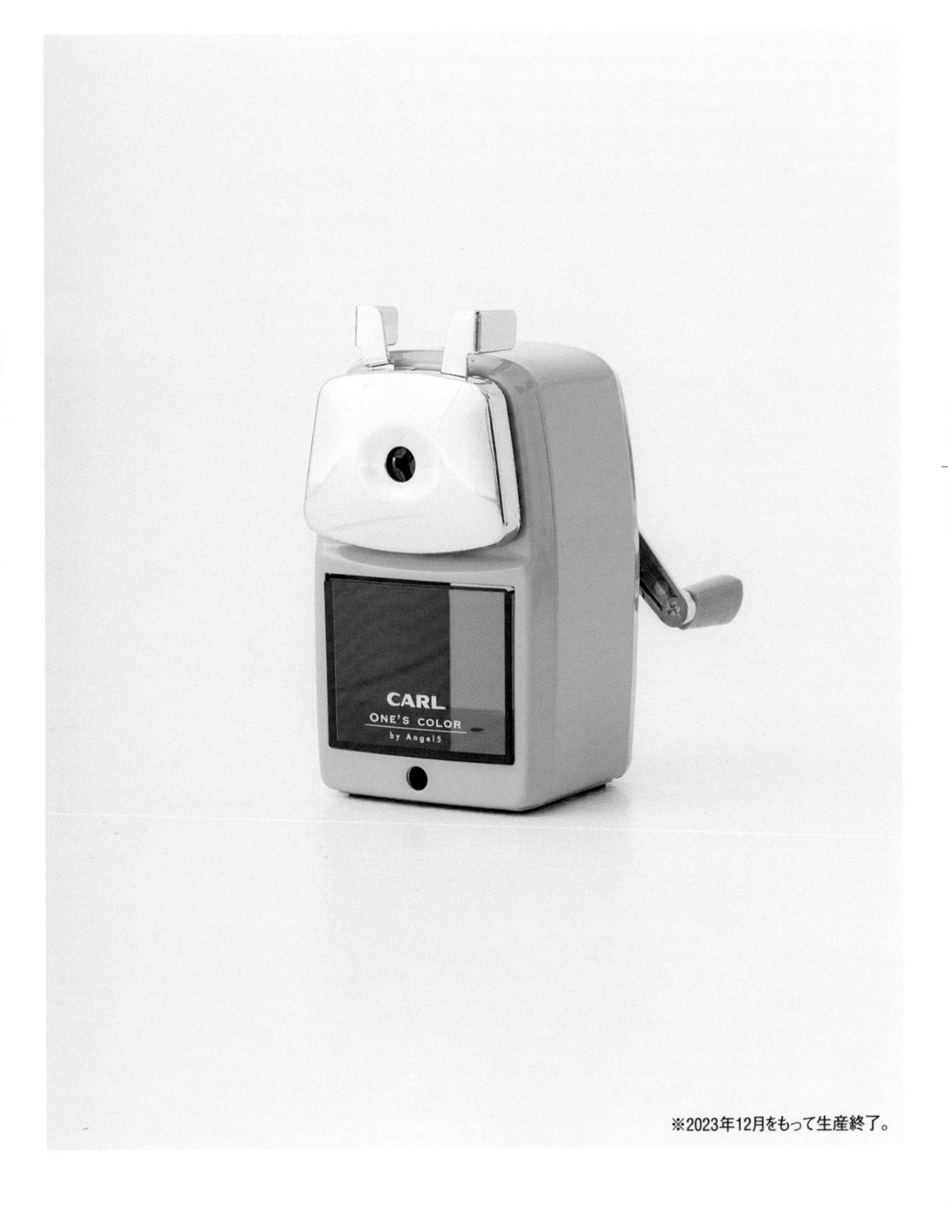

※2023年12月をもって生産終了。

034 ｜ ホクサイン

クツワ

折れにくく濃く描ける芯が特徴

この鉛筆は芯が特別で、ポリマー芯というシャープペンの芯と同じ作り方の芯で、強度が通常の鉛筆の約2倍と折れにくく色も濃く出ます。子どもが筆圧をかけても折れにくい学童用鉛筆を、軸色に葛飾北斎の“北斎ブルー”を採用し、大人向けにアレンジしたもので、通常の鉛筆とは書き心地がかなり違います。硬度はHBから4Bまでありますが、とくにグイグイ書ける4Bがおすすめです。

■商品名	ホクサイン	■芯硬度	HB、B、2B、3B、4B
■サイズ／重量	全長177mm／5g		
■本体価格	180円（単品）		
■問い合わせ先	クツワ　tel. 06-6745-5611　www.kutsuwa.co.jp/		

035 ｜ ミミック ナンテン

銀座・五十音／信頼文具舗

大人が鉛筆を持ち歩く場合の最適解

商品名の「ミミック」は英語で「擬態する」という意味で、鉛筆を万年筆のように擬態して持てる高品質な鉛筆ホルダーです。万年筆の軸にも使われるアセテート樹脂という素材を使っていて、付属のクリップで胸ポケットに挿すこともできます。持ち心地も鉛筆より太くなって重量感も少し増すので、万年筆で書いているような手当たりになり、扱いやすくなるのも良いですね。

■商品名	ミミック ナンテン
■サイズ／重量	全長 145（キャップ閉時）×軸径12mm（軸中央付近）／18g
■軸色	ナンテン、ペンギン、コーラル、パシフィック、スマトラなど
■本体価格	10,500円～
■問い合わせ先	銀座・五十音　tel.03-3563-5052　www.gojuon.com
	信頼文具舗　tel.042-745-3031　mail:bunguho@wada-denki.co.jp

036 エンゼル5ロイヤル3

カール事務器

壊れにくい一生ものの手動式鉛筆削り

「ザ・鉛筆削り」という見た目の商品ですが、一生使える、これ以上はない鉛筆削りだと思います。まず鉛筆の削り上がりのラインが非常にきれい。まっすぐの円錐状ではなくて、ほんのわずかに少し反ったような形状になるんです。また、芯のとがり具合を細目と太目で少し変えることもできます。そしてなんといっても、壊れない。電動の鉛筆削りも便利なのですが、サイズが大きくて邪魔だし、コンセントを探す手間があるし、いずれ徐々に使えなくなっていくので、私は手動式のほうがいいですね。手で鉛筆を削りながら、書くものについて考えることも悪くないかなと思いますし。小さい1枚刃のものは切れ味が落ちますが、この商品のように螺旋状の刃が内蔵されているタイプであればずっと使えます。私はアイデアを書き出すときなど、今でも鉛筆はかなりの頻度で使うほうなので、鉛筆を削る際はいつもこれに頼っています。これで十分だし、これがいちばん良いと思っています。

■商品名	エンゼル5ロイヤル3
■サイズ／重量	73×121×132mm／484g
■色	ライトグリーン、クリーム、ピンク、ライトブルー
■本体価格	3,500円
■問い合わせ先	カール事務器　tel. 03-3695-5379　www.carl.co.jp/

※エンゼル5ロイヤル3は、2023年12月末をもって生産終了。
同系機種エンゼル5プレミアム3（芯調整なし仕様／本体価格3,000円）は、引き続き販売を予定。

037 ｜ ハイユニ アートセット

三菱鉛筆

038 | モノスティック

トンボ鉛筆

039 | ホワイパープチ

プラス

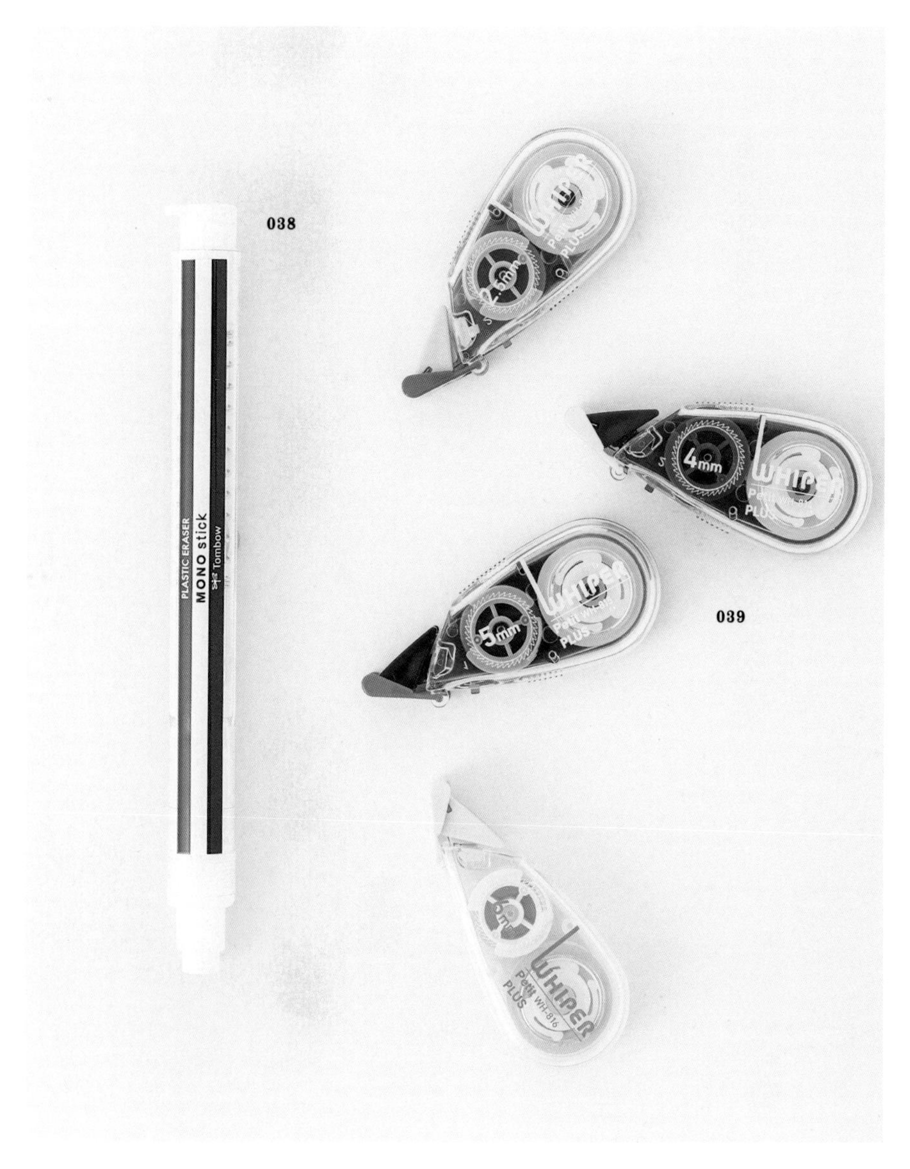

037 ハイユニ アートセット

三菱鉛筆

22通りの黒が楽しめる鉛筆セット

絵を描く人は大きくハイユニ派とステッドラー派に分かれますが、私は柔らかい感じのあるハイユニのほうが好きです。この商品は10Hから10Bまで、HBとFも入れて全22硬度が揃ったセットです。もともとJIS規格で決まっているのは9Hから6Bまでなので、これを自主的に拡張。長年の鉛筆製造のノウハウと芯の開発技術をベースとして、10H、7B ~ 10Bの硬度を追加したものです。やはり、ここまで硬さに違いがあると、それぞれの線の雰囲気が異なってくるので、硬さの違いだけでグラデーションで絵を描けます。色がなくても楽しめる、表現力の幅の広さが素敵だなと思います。余談ですが、よくスマホの保護ガラスの硬さを示すのに9Hなどの単位が使われるのを見かけると思います。あれは鉛筆の硬度で、9Hの鉛筆で引っかいても傷がつかないという意味です。JIS規格に塗装の皮膜の強さなどを測るための鉛筆引っかき試験というものがあり、こういう身近な商品のテストにもこれらの鉛筆が使われているのです。

■商品名	ハイユニ アートセット
■芯硬度	10H、9H、8H、7H、6H、5H、4H、3H、2H、H、F、HB、B、2B、3B、4B、5B、6B、7B、8B、9B、10B
■サイズ／重量	縦187×横199×厚さ12mm／316g（缶ケース収納時）
■本体価格	3,600円
■問い合わせ先	三菱鉛筆　tel. 0120-321433　www.mpuni.co.jp/

038 モノスティック

トンボ鉛筆

無駄がなく使いやすいスティック型消しゴム

ふつうの四角い消しゴムは、とくにタテ型のペンケースからは取り出しにくいのでスティック型がおすすめ。紙のスリーブは使ううちにボロボロになりますが、プラスチックの軸が中の消しゴムを保護してくれます。この商品はMONOブランドで消字性能も高く、スティック型のなかでも扱いやすい。丸軸で持ちやすく、クリップなどの凹凸がないので邪魔になりにくくていいですね。

■商品名　モノスティック
■サイズ／重量　13×全長130mm（消しゴム径6.7mm）／14g
■軸色　モノカラー、ブルー、ピンク　■本体価格　200円
■問い合わせ先　トンボ鉛筆　tel. 0120-834198　www.tombow.com/

039 ホワイパープチ

プラス

必要最低限サイズにして機能性は十分

世界最小クラスの修正テープ。最近は修正用具を使う機会自体が減ったので、このサイズでも十分ですし性能もしっかりしています。引いて消すだけでなく、ピンポイントに1文字消すときは、逆さに持って押しても使えます。先端のローラーでテープが浮かずに密着しやすく、回転するヘッドで滑らかに引けます。必要最低限サイズにして機能性も高く、ひとつの完成形では。

■商品名　ホワイパープチ
■サイズ　58×15×26mm　■テープの長さ　6m
■色　パープル（テープ幅2.5mm）、ネイビー（4mm）、ブラック（5mm）、ホワイト（6mm）、ピンク（4mm）、ブルー（5mm）、グリーン（6mm）　※クリアカラー単品
■本体価格　230円
■問い合わせ先　プラス　tel.0120-000-007　http://bungu.plus.co.jp

040 | ソフトリングノート Sooofa

コクヨ

041 | ニーモシネ

マルマン

040

041

042 | アクセスノートブック

エコール流通グループ

043 | ロルバーン ポケット付メモ 横型

デルフォニックス

040 ソフトリングノート Sooofa

コクヨ

金属リングの悩みを樹脂リングで解消

リングノートは記入時に金属のリングが手に当たるのがストレスだったりします。このノートは柔らかい樹脂でできたリングを使っているので、手を置いても痛くありませんし、金属よりも引っかかりにくく、曲がっても元に戻ります。円形ではなくD型のリングなので、閉じたときにページの端が揃うのもいいところ。ゴムバンドとペンを掛ける切り欠き付きで、持ち運びにも便利なノートです。

■商品名	ソフトリング®ノート<スーファ>（A5変型）		
■サイズ	210×158mm		
■色	イエロー、ウォームグレー、グリーン、ライトブルー、ピンク		
■枚数	80枚	■本体価格	820円
■問い合わせ先	コクヨ　tel.0120-201-594　www.kokuyo.co.jp/support/		

041 ニーモシネ

マルマン

アイデア出しに向いているビジネスノート

ビジネスマン向けに作られたリングノートで、表紙や背の板紙もしっかりした作り。紙の性能が良く、どんな筆記具でも書きやすいのが特長です。ミシン目が入っていて、切り取った紙が定型サイズになるのも使いやすい。私はA4の横型を使っていますが、机の前で広げてアイデアを出すのにちょうどいいサイズです。方眼の罫線が悪目立ちしないところも、構想の邪魔にならなくていいですね。

■商品名	ニーモシネ横型5mm方眼罫（A5）		
■サイズ	本体160×210mm、本文148×210mm		
■色	黒	■枚数	70枚
■本体価格	650円		
■問い合わせ先	マルマン　mail:contact@e-maruman.co.jp　www.e-maruman.co.jp		

042 アクセスノートブック

エコール流通グループ

アナログの検索性を高めたノート

私がデザインした商品で、ハードカバーでも裏表紙が折り曲げられてページがめくりやすく、表紙の切り欠きに親指を掛けると、そこにちょうどノンブル(ページ番号)の表示が。全200ページにノンブルが振ってあり、それに対応した200行の目次に、書いた内容を記載できます。デジタルのほうが検索性は高いと言われますが、直近の情報なら、じつは紙のノートのほうがサッと開けてすぐ見られます。

■商品名	アクセスノートブック	■サイズ	220×158×15mm
■色	黒、白、紺、赤	■本体価格	2,300円
■問い合わせ先	エコール流通グループ　mail: ecl02831@ecole-rg.co.jp		

043 ロルバーン ポケット付メモ 横型

デルフォニックス

クリーム色が目に優しくて読みやすい

ノートとしての性能が高い最強のリングノート。目に優しくて文字も読みやすい、独特のクリーム色が好きで、私はとくにこの横型をPCの前で横に広げて見開きでよく使っています。罫線は小さいドットになっていて邪魔になりません。巻末に透明ポケットが5枚あり、レシートなどを入れるのに重宝します。一見、海外の航空会社風のデザインで外国製に見えますが、国内メーカー製です。

■商品名	ロルバーン ポケット付メモ 横型		
■サイズ	171×109×15mm (M)、191×126×15mm (L)		
■色	ダークブルー、イエロー、ライトピンク、ホワイト、ダークグリーン、ブラック		
■本体価格	750円 (M)、830円 (L)	■ページ数	120ページ (M)、140ページ (L)
■仕様	5mm方眼／切り離しミシン目付き／PPポケット5枚付き		
■問い合わせ先	デルフォニックス　tel.0120-987-103　shop.delfonics.com		

044 | パッとメモ

ミドリ

045 | TAGGED LIFE GEAR

共生社

046 | オープンリングノート／リングノート用リムーバー

リヒトラブ

044 | パッとメモ

ミドリ

メモを忘れずにすぐ取りたいならコレ！

側面がのりづけされ、ページがひとかたまりになっているため、使ったページをはがしておけば、最新のページに一瞬でたどり着けるという、すごい発明品だと思います。メモは忘れる前に書けることが最重要で、これは書き込めるページを探す手間をシンプルな仕組みで解決しているのが賢い。最新ページを開いたままにする方法よりも、破れや汚れの心配もなく、快適です。

■商品名	パッとメモ	■サイズ	76×128×15mm
■色	黒、白、グレー、ピンク、オレンジ、紺		
■舞水	80枚（方眼罫2.5mm）	■本体価格	320円
■問い合わせ先	ミドリ　www.midori-japan.co.jp		

045 | TAGGED LIFE GEAR

共生社

水や破れに強い紙ならどこでもメモ可能！

水に非常に強く、どんな筆記具でも書きやすい耐洗紙という紙を使ったメモ帳。クリーニング店でついてくるタグと同じ紙です。投票用紙に使われるユポ紙なども水に強いものの、ツルツルしていて水性ペンは弾いてしまうのですが、この商品はほとんどの筆記具でキレイに書けます。破れにくいので、別売りのカラビナでカバンにぶら下げておけば、雨の日のアウトドアでもメモが取れます。

■商品名	TAGGED LIFE GEAR
■サイズ／重量	79×131×12mm／75g（L）　67×112×12mm／54g（S）
■色	チロリアンハット（オレンジ）、エベレスト（グリーン）、カワセミ（イエロー）、
	アンカー（ブルー）、ラダー（カーキ）、フロート（レッド）
■枚数	100枚　■方眼　5mm　■本体価格　840円（L）、740円（S）
■問い合わせ先	共生社　tel.06-6488-2777　kyosei.co.jp

※カラビナは、別売りです。

046 オープンリングノート／リングノート用リムーバー

リヒトラブ

ページの差し替えが可能なリングノート

通常のリングノートはページを差し替えられませんが、このノートはリング部分がワンタッチで開けられるので、ルーズリーフのようにページの差し替えが可能です。なおかつルーズリーフよりも便利なところが2点。1つめは、紙に開いている穴の大きさです。どちらかというとルーズリーフのほうが穴が大きく、紙の端から少し離れたところに開いています。いっぽうオープンリングノートの穴は四角で小さく、紙の端からも近いため、同じ紙のサイズでもノートとして記入できる部分が広くなっています。2つめは、リングが小さくて邪魔になりにくいところ。ルーズリーフを入れるファイルって通常はリング部分が大きめで邪魔になりがちなものが多いですが、これは180度折り返しても利用できます。さらに別売りのリングノート用リムーバー（右写真）を使えば、ISO規格の穴数のリングノートなら、リングに引っ掛けて引っ張るだけでリングを取り外し可能。お気に入りのリングノートのリングを外せば、オープンリングノート用の紙として使えます。また、リングノートを捨てる際のゴミの分別にも役立ちます。

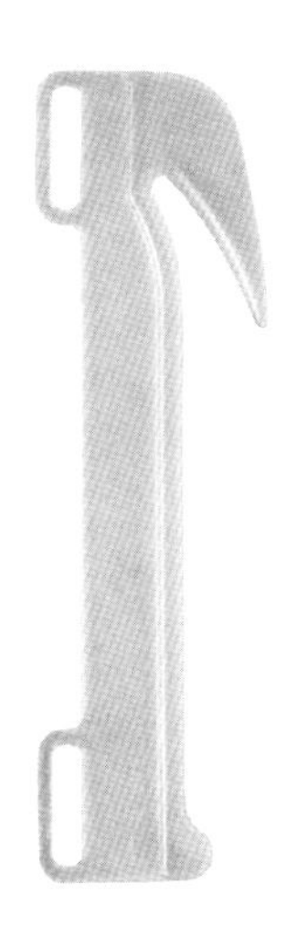

■商品名	オープンリングノート合皮表紙N-2993／リングリムーバーN-1811
■サイズ	A5（185×213×15mm）／44×146×6mm
■色	27グレー、9ブラウン、16ベージュ／半透明
■枚数	50枚（最大収容枚数70枚）（ノート）　■B罫　6mm
■本体価格	2,800円／200円
■問い合わせ先	リヒトラブ　tel.06-6946-3931（大阪）　www.lihit-lab.com/

047 | ロイヒトトゥルム1917 ハードカバー

平和堂

048 | キャンパス バンドでまとまる単語カード

コクヨ

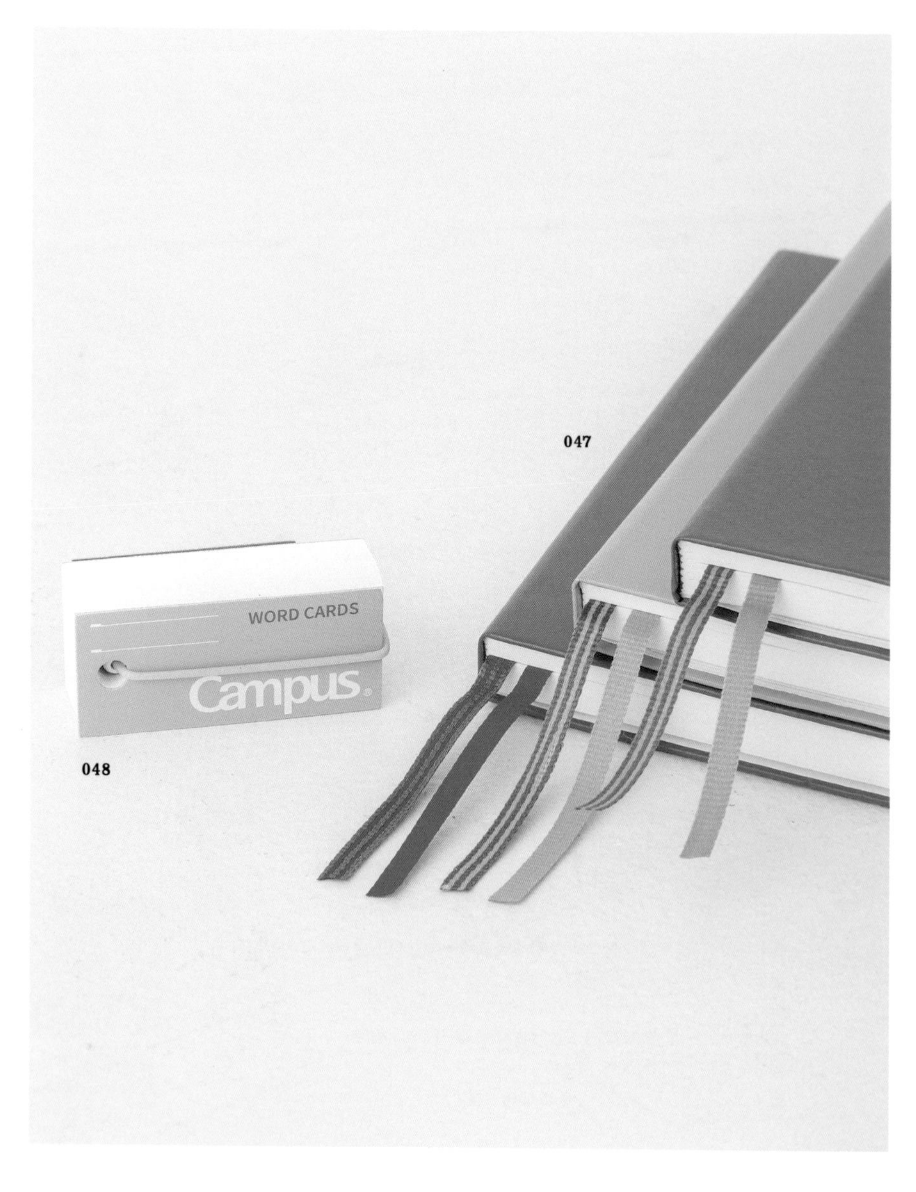

049 | クリヤーブック NoViTA

コクヨ

050 | ファイルイット

テージー

047 | ロイヒトトゥルム1917 ハードカバー

平和堂

数年後も残しておきたいメモを取るのに最適

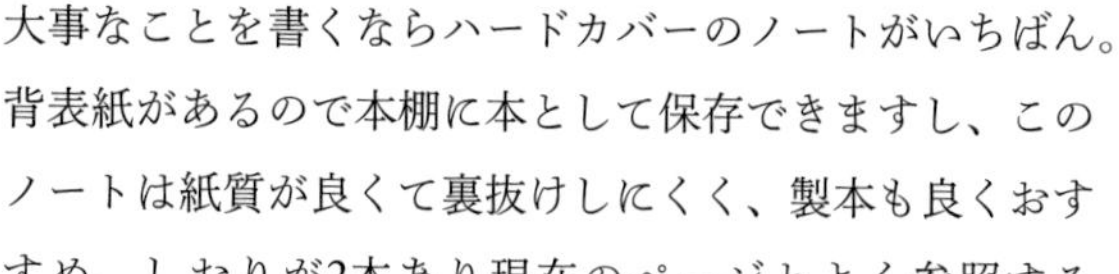

大事なことを書くならハードカバーのノートがいちばん。背表紙があるので本棚に本として保存できますし、このノートは紙質が良くて裏抜けしにくく、製本も良くおすすめ。しおりが2本あり現在のページとよく参照するページの両方にアクセスできるのもいいですね。

■商品名	ロイヒトトゥルム1917ハードカバー		
■罫線の種類	横罫、方眼、ドット、無地		
■サイズ	ミディアムA5（145×210mm）ほか		
■色	レッド、セージ、ストーンブルー、アンスラサイトほか		
■ページ	251ページ	■本体価格	3,400円～
■問い合わせ先	平和堂　tel.03-3551-9411　www.heiwado-net.co.jp		

048 | キャンパス バンドでまとまる単語カード

コクヨ

リングの素材変更で収納しやすい仕様に

単語帳の大きな金属リングは、カバンに入れるときに収まりが悪かったり引っかかったりしがちですが、これはシリコンバンドに変更したところが天才的。リング自体がゴムバンドの役割もはたすので、しまうときはパチッと止まって四角くなる。几帳面な人におすすめです。自分が学生の頃に欲しかった……。万年筆のインクコレクションやToDoリストなどにも使えます。

■商品名	キャンパス バンドでまとまる単語カード		
■サイズ	30×68mm		
■色	ブルー、ピンク、イエロー		
■枚数	85枚	■本体価格	180円
■問い合わせ先	コクヨ　tel.0120-201-594　www.kokuyo.co.jp/support/		

049 | クリヤーブック NoViTA

コクヨ

無駄なスペースを取らない伸縮可能なファイル

その名のとおり、中身の量に応じてファイルの背幅が伸縮するブック型クリアポケット。一般的な硬い表紙のファイルは、中身が少ないと三角柱のような形状になり本棚に収納しにくく、そもそも中身が少ないのに場所を取られるのも嫌で、私はなるべくノビータを使います。大量に書類を入れても表紙が広がらずにペタンと閉じるのもいい。積んでも雪崩が起こりません。

■商品名	クリヤーブック＜ノビータ＞A4-S固定式40ポケット
■サイズ	307×251×50mm
■色	黒、黄、黄、青、ライトブルー、ライトグリーンほか
■本体価格	710円
■問い合わせ先	コクヨ　tel.0120-201-594　www.kokuyo.co.jp/support/

050 | ファイルイット

テージー

ページの着脱に手間がかからないファイル

リング式のクリアファイルホルダーですが、リングを開けることなくページの入れ替えや追加ができます。各ページの穴の横に切れ込みがあるので、着ける際は押し込むだけでOK。外す際は斜めに引っ張ればペリペリと取れます。該当ページだけ持ち出したり、中身を入れ替えたりする作業がラクなので、私は取扱説明書や契約書など家じゅうの重要な書類を入れて使っています。

■商品名	ファイルイット®ファイル		
■サイズ	255×314×20mm		
■色	黒、白	■本体価格	800円〜
■問い合わせ先	テージー　tel.03-3862-5411　www.teji.co.jp		

051 | ジウリスミニ

マルマン

052 | PAPERJACKET® flex

バタフライボード

051 ジウリスミニ

マルマン

持ち運びしやすい片手サイズのルーズリーフバインダー

カバンに入れやすくて持ち運びしやすいミニサイズの3穴バインダー（付属ルーズリーフは9穴）。小さいからこそ便利な点があって、たとえば、ふだんは大きめのノートやルーズリーフで勉強して、要点などをこの小さいほうのルーズリーフにまとめるようにしておけば、移動時間中に復習するのに便利です。また、ルーズリーフの穴の規格は共通しているので、あとで大きいルーズリーフのほうに挟み込むこともできます。PCのキーボードの前に置いて使うのにぴったりなサイズなので、作業中のメモはもちろん、アイデアを思いついたら書いておき、実行したらリングから外して別のファイルに移すという使い方もできます。パスワードなどログイン関連の情報を記録しておいてもいいですね。この商品の良いところは、表紙が合皮でできていて、大人が持つ手帳のような素材なので、一般的なPP素材の表紙のもののような学生っぽさがないところです。働く女性向けのバインダーということですが、表紙の色がキレイなので、私もふつうに愛用しています。

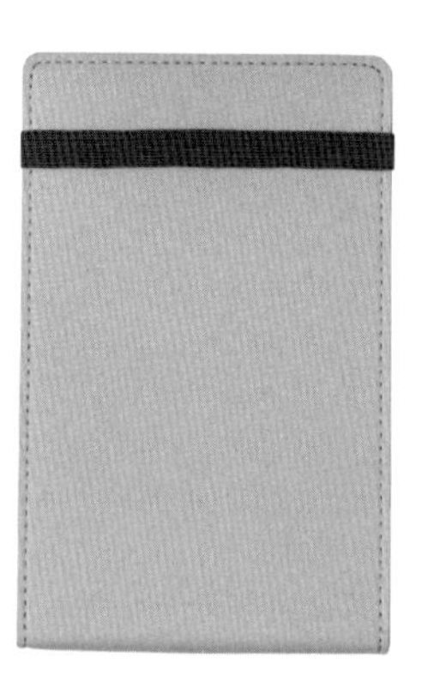

■商品名	ジウリスミニ
■サイズ／重量	107×160×26mm／110g
■色	ディープブラウン、ブルー、ライトピンク、ベージュ
■内容	オリジナルラミネートタブインデックス3山、メモリ入り6mm罫ルーズリーフミニ10枚、3mm方眼罫ワイドリーフミニ5枚、ファスナー付きポケットリーフミニ
■本体価格	2,500円
■問い合わせ先	マルマン mail:contact@e-maruman.co.jp www.e-maruman.co.jp

052 | PAPERJACKET® flex

バタフライボード

コピー用紙がアイデアノートに早変わり

アイデアやデザインなどをどんどん書き出していくとき、コピー用紙を使うという人はわりと多いのでは。そういう人にすごくおすすめなのがこれ。クリップがマグネット式になっていて、最大30枚まで保持できる用箋ばさみみたいなもので、表紙を閉じておけば中の紙がよれないので、このままカバンに入れておけるし、使いたいときにサッと出せてすぐ書けます。余計なポケットが付いていないので段差がなくてとにかく書きやすいのが良いところ。机の上に置いても波打つ感じがないですし、表紙を裏に回しても真っ平で書けます。適度な柔らかさがあるので、紙の枚数が少なくてもしっかりとした筆記感があってお気に入りです。マグネットで紙を留めているので穴を開けずにすみますし、クリップの開閉に大きな力を入れずに済むような仕組みになっているので、金属のクリップと違い、引っかかって爪が傷つくなんてこともないと思います。コピー用紙を落書き帳のように使うだけでなく、チェックリストなどを挟むクリップボードにも利用できます。

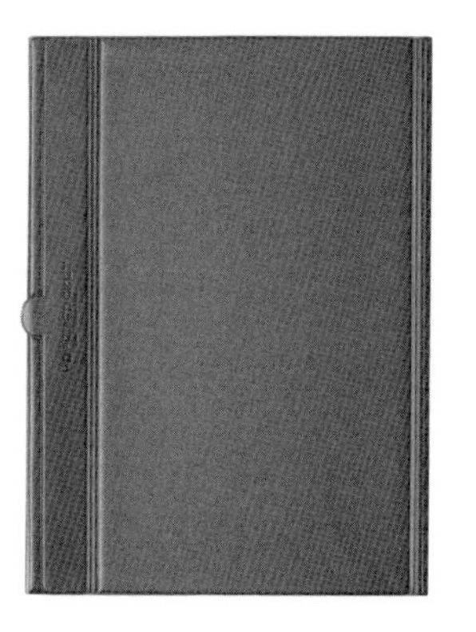

■商品名	PAPERJACKET® flex
■サイズ／重量	A4:302×222×10mm／315g　A5:215×160×10mm／167g
■色	ブラック、シルバー
■本体価格	A4:4,000円、A5:3,500円
■問い合わせ先	バタフライボード　tel.045-904-9996　butterflyboard.jp/

053 | クリップココフセン

カンミ堂

054 | ポスト・イット® 強粘着ポップアップノート ディスペンサー

スリーエム ジャパン

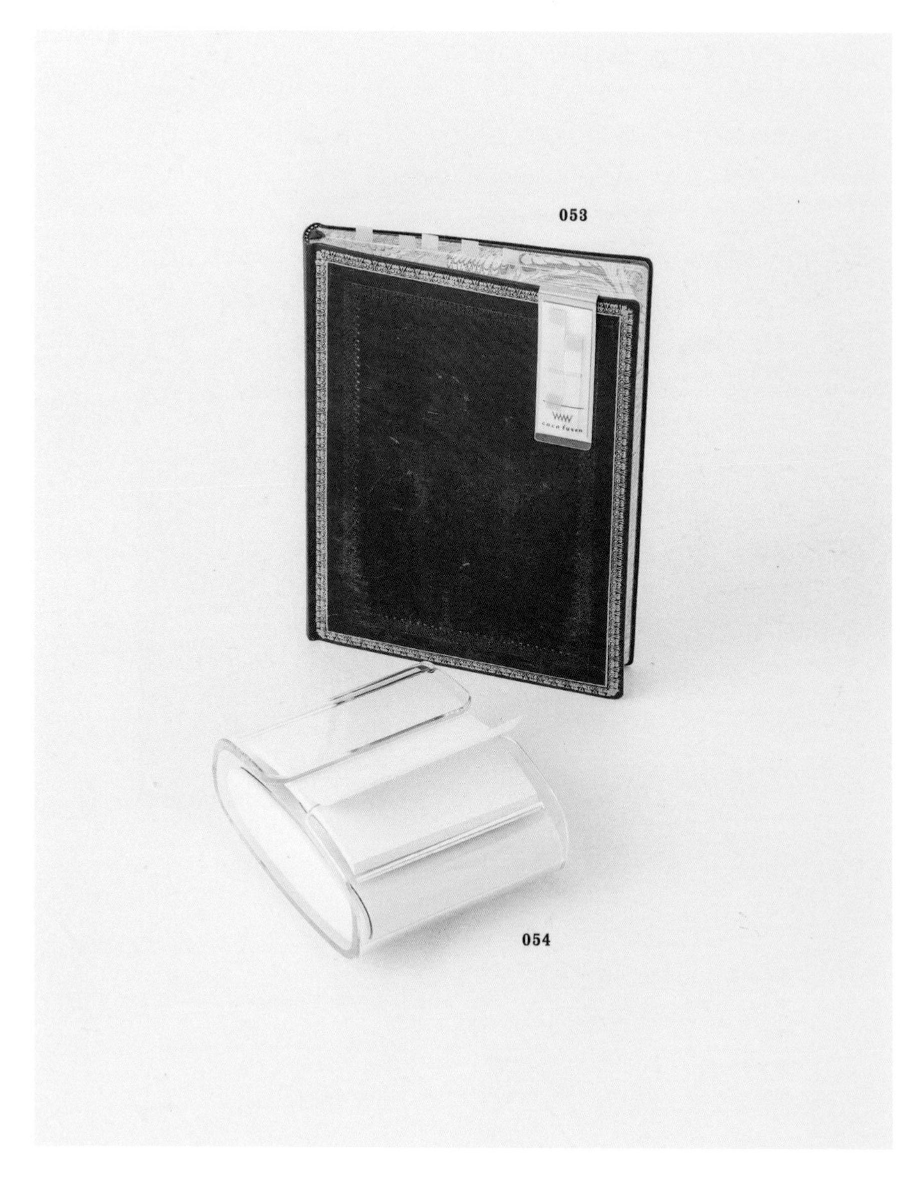

055 | アルミ定規 30cm

クツワ

056 | スローコンベックスメジャー〈2m〉

ミドリ

053 | クリップココフセン

カンミ堂

欲しいときにすぐ使えるクリップふせん

携帯に便利な「ココフセン」シリーズの1つで、ふせんケースがついたクリップを手帳や本などに挟んでおくタイプです。ふせんはあとで見返すために使うものなので、目印をつけておこうと思った瞬間にすぐ取り出せないと意味がありません。私は歴史やノンフィクションなど、参考資料として本を読む場面が多いので、読書時のツールとして必要不可欠です。

■商品名	クリップココフセン
■サイズ	クリップ本体:21×73mm、ふせん:42×6mm (Sサイズ)、ふせんケース:55×18mm
■色	ライトブルーS、パステルピンクS、ライムRS、パープルRS
■内容:	クリップ1個、ココフセン2ケース (ふせん60枚×2)
■本体価格	450円
■問い合わせ先	カンミ堂　tel.0120-62-1580　mail: info@kanmido.co.jp　www.kanmido.co.jp

054 | ポスト・イット® 強粘着ポップアップノート ディスペンサー

スリーエム ジャパン

ティッシュのようにふせんを使おう！

私の場合、メモできる紙を探しているうちに何を書くべきか忘れてしまうことがよくあるので、デスクなどすぐ手が届く場所にこのふせんを常備しています。土台部分に重さがあり、片手で1枚ずつ取り出せるのが便利。粘着力が強く、メモをPCモニターに貼っておけます。ふせんはティッシュ感覚でガンガン使うべきと考えているので、このリフィルを箱買いしています。

■商品名	ポスト・イット® 強粘着ポップアップディスペンサー　WD330-WH-Y				
■サイズ	75×75mm	■色	イエロー	■本体価格	1,260円
■問い合わせ先	スリーエム ジャパン　tel.0120-510-333　www.post-it.jp				

055 アルミ定規 30cm

クツワ

カッターを使わず簡易的に紙を切れる定規

この定規は、目盛りのない側に45度の傾斜があり、紙に当てて、紙を定規のほうへ引くと紙がキレイに切れます。カッターやカッターマットを取り出さずに済むのが便利。私は新聞記事の切り抜きやコピー資料のカットなどに使っています。新聞は大きくてカッターマットを使いにくく、手で破ろうにも横方向はキレイにちぎれず、はさみではまっすぐ切りにくい。この定規を使うのがいちばんです。

■商品名	アルミ定規 30cm
■サイズ／重量	30×310×1.5mm（目盛り寸法30cm）／36g
■色	シルバー、ブラック
■本体価格	600円
■問い合わせ先	クツワ　tel.06-6745-5611　www.kutsuwa.co.jp/

056 スローコンベックスメジャー〈2m〉

ミドリ

あえて戻るスピードを遅くした安心の巻尺

金属製の巻尺って、巻き戻りが速すぎてちょっと怖く感じませんか。この商品はそのスピードを適切な速度まであえて遅くしたもの。プロが現場で使うのではなく、一般の人が家庭で使うものとして設計し直しているところが良いですね。10cmごとに黒地と白地が切り替わるのでパッと見で計測しやすく、裏面は目盛りが縦向きで高さを計測しやすい。随所に細かい工夫が見られる逸品です。

■商品名	スローコンベックスメジャー<2m>
■サイズ	本体／44×44×23mm　テープ／12.5mm×2m
■色	白、黒
■本体価格	1,380円
■問い合わせ先	ミドリ　www.midori-japan.co.jp

057 | 高級ハサミ〈HASA〉(強力ロング)

コクヨ

058 | スーパーシザーズ26cm

ダーレ

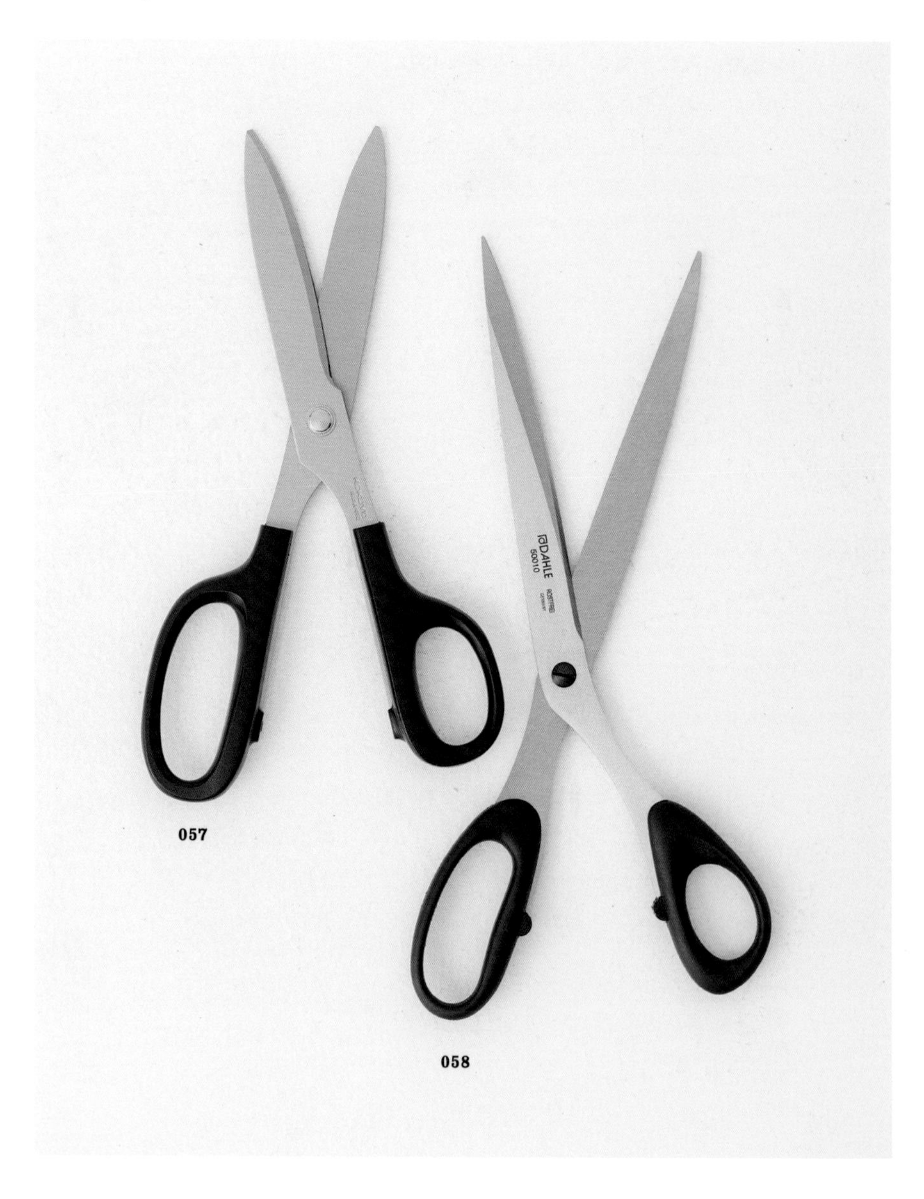

059 | スティッキールはさみmini
サンスター文具

060 | フィットカットカーブ プレミアムチタン
プラス

057 高級ハサミ〈HASA〉(強力ロング)

コクヨ

ダンボールを切っても手が痛くならないはさみ

家で常備しておく万能はさみにおすすめ。刃の板が2mmと少し分厚く、ハンドルの奥まで入り込んでいて力が伝わりやすく、とくにダンボールなどを切る際、安定感があります。また、はさみはひねりながら使うため親指のあたりに力がかかりますが、ハンドルが分厚く、指が当たる部分が柔らかい曲面になっているので痛くなりません。ベーシックな形で、長く使えるはさみです。

■商品名	高級ハサミ<HASA>強力ロング HASA-002
■サイズ	226×80×2mm、刃渡り85mm
■色	黒
■本体価格	2,500円
■問い合わせ先	コクヨ　tel.0120-201-594　www.kokuyo.co.jp/support/

058 スーパーシザーズ26cm

ダーレ

長いのに切れ味が繊細なドイツ製はさみ

ドイツのメーカーのはさみで、切れ味が良くて気に入っています。刃渡りが長いのでA4の紙も1回のストロークで切れますし、刃が先端部分に向かい薄くなるため、刃先での繊細な作業も得意。切り心地も軽くてバランスが良いです。はさみは切る対象ごとに使い分けると長持ちします。私はこのはさみは薄い紙を切る専用にしていて、いまだ研ぎ直すこともなく長年使えています。

■商品名	スーパーシザーズ26cm
■サイズ／重量	全長26cm、刃渡り13.7cm／105g
■色	黒　■本体価格　5,589円
■問い合わせ先	デューロデックス　tel.03-5829-8139　mail:info@durodex.com
	www.durodex.com/

059 スティッキールはさみmini

サンスター文具

携帯用コンパクトはさみの決定版

携帯用はさみ「スティッキール」シリーズの最小サイズ版。小さいはさみは各社から出ていますが、これはギザ刃でもっとも切れ味が良いと思います。ビニールなども逃がさず切れるので、服などのタグを切る際にも活躍します。お菓子の袋や弁当の醤油の袋が上手く開かないときなど、「少しだけ切りたい」シチュエーションは割とあるので、いつもカバンに入れてあります。1つあると便利です。

■商品名　スティッキールはさみmini
■サイズ／重量　12×50×14mm、刃渡り15mm／8g
■色　ブラック、ホワイト、ライトグリーン、ピンク
■本体価格　430円
■問い合わせ先　サンスター文具　tel.03-5835-0094　www.sun-star-st.jp/

060 フィットカットカーブ プレミアムチタン

プラス

テープを切ってもベタつかず、切れ味が長持ち

刃が「ベルヌーイカーブ」と呼ばれる曲線になっているため、根元で切っても先端で切っても、切りやすい一定の角度を保つという画期的なはさみとして、2012年に発売。その圧倒的な人気の定番はさみシリーズのなかでも、高級仕様のもの。チタンコーティングタイプなので、切れ味の良さが長く続き、刃の内側を少し凹ませることで、テープを切ってもベタつきにくいのが特徴です。

■商品名　フィットカットカーブ プレミアムチタン
■サイズ　74×174×13mm
■色　ダークブラウン、アイボリー、ピンク、ブルー、ネイビー
■本体価格　1,100円
■問い合わせ先　プラス　tel.0120-000-007　http://bungu.plus.co.jp

061 | 折りたたみカッティングマットA3サイズ

ナカバヤシ

062 | 万能M厚型

オルファ

063 | 安全刃折処理器ポキ

オルファ

064 | MZ-AL型

オルファ

061 | 折りたたみカッティングマットA3サイズ

ナカバヤシ

マットを常備できないデスクにおすすめ

カッターマットは切る紙よりも大きくないとあまり意味がありません。これはA3サイズですがA4サイズに折りたためて収納しやすい。折る部分が直線でなく波型になっていて、隙間にカッターの刃がはまるのを防ぐ工夫がされているのがポイント。カッターマットは机の保護だけでなく、刃を長持ちさせる効果もあるので、カッター使用時の必須アイテムです。

■商品名	折りたたみカッティングマットA3サイズ
■サイズ／重量	450×310×2mm（見開きA3）、230×310×4mm（2つ折りA4）／250g
■本体価格	2,110円
■問い合わせ先	ナカバヤシ　tel.0120-166-779　www.nakabayashi.co.jp

062 | 万能M厚型

オルファ

小型と大型のいいとこどりカッター

刃の幅は一般的な小型カッターに近いけれど、刃の厚みは大型カッターに近いという両者の中間に位置するカッターナイフ。コロナ禍に通販などで扱う機会が増えたダンボールは、小型カッターで切ろうとすると刃がしなって少し怖いのですが、万能M厚型ならその心配はなく、本体サイズは小型に近いので扱いやすい。カッターを1本だけ家に常備するなら、これがおすすめです。

■商品名	万能M厚型
■サイズ／重量	全長138.1×全幅17.4×全厚13.5mm、刃厚0.45mm、刃幅12.5mm／29.5g
■本体価格	オープン価格
■問い合わせ先	オルファ　tel. 06-6972-8101　www.olfa.co.jp

063 安全刃折処理器ポキ

オルファ

カッターを使う機会が多い人に必須のアイテム

貯金箱のようなスリットが開いていて、切れ味が悪くなったカッターの刃を差し込んで折るだけの構造。刃を直接触らなくて済みます。折った刃をどうしたらよいか困る人は多いかと思いますが、これなら、いっぱいになればケースごと安全に廃棄できます。とはいえ一般的な家庭の使い方なら、そう簡単にはいっぱいにはなりません。カッターを正しく快適に使うためにも、ぜひ活用してみては。

■商品名	安全刃折処理器ポキ
■サイズ／重量	直径57×全高60mm／32.5g
■本体価格	オープン価格
■問い合わせ先	オルファ　tel. 06-6972-8101　www.olfa.co.jp

064 MZ-AL型

オルファ

どんどん刃を交換できる便利なカッター

カッターは本来、切れ味が落ちたら刃を折って使うものですが、刃を交換する手間が面倒で折りたくない人も多いのでは。このカッターは、背面を開けて刃を6枚まで装填でき、スライド操作で簡単に次の刃が出せます。家庭用で使う程度なら、切れ味を保つために定期的に刃を折る使い方をしても数年はもつのでは。また、本体が四角くて刃をまっすぐ当てやすく、よく切れるのもいいところ。

■商品名	MZ-AL型
■サイズ／重量	全長153.0×全幅37.5×全厚23.0mm、刃厚0.5m、刃幅18mm／106.8g（刃3枚装填時）
■本体価格	オープン価格
■問い合わせ先	オルファ　tel. 06-6972-8101　www.olfa.co.jp

065 メタルA型 A-300GR

エヌティー

066 ｜ 見出しパンチ ツメカケ

サンスター文具

067 ｜ かどまるPRO-NEO

サンスター文具

065 メタルA型 A-300GR

エヌティー

見慣れたデザインのまま使いやすさが向上

このカッターのデザイン、どこかで見覚えがありませんか。おそらくこのボディがクリーム色のプラスチック素材になっているものは、だれもがいちどは見たり使ったりしたカッターではないかと思います。その定番品は「ベーシックA型 A-300」という名前で、根元の部分が少し膨らんでいてとても持ち心地が良いのですが、今回紹介する「メタルA型 A-300GR」は形状をそのままにして、アルミダイキャスト製にグレードアップしているところがポイント。重量感のある素材なので丈夫だし、使用時に安定しやすくなっています。また、刃がすべり出ないオートロック機能も備えていて、右利き左利きいずれの人にも使いやすい仕様です。紙を細かく切るなどの繊細な作業を行う際は、小型のサイズのカッターのほうが取り回しも良く、手元も確認しやすいと思います。超ベストセラーから受け継いだ持ちやすい形状と、メタル素材が持つ適度な重量感で使いやすく進化した一品、おすすめです。

■商品名	A-300GR
■サイズ／重量	20×148×11mm／36g
■色	メタリックグレー
■本体価格	オープン価格
■問い合わせ先	エヌティー　tel. 06-6702-1551　www.ntcutter.co.jp

066 | 見出しパンチ ツメカケ

サンスター文具

手帳と一緒に持ち運べる変わり種パンチ

手帳の使い勝手を良くするパンチ。ページの角を丸く切り取れるので、新しいページまで端を切っておけば、指を引っ掛けて開くとすぐアクセスできるようになります。ページの縁にも使えるので、インデックスごとにページにアクセスすることも可能。バレットジャーナルなど手帳を自作する人におすすめです。パンチ部分がロックできて、携帯しやすいのもいいですね。

■商品名	見出しパンチ ツメカケ
■サイズ／重量	35×35×20mm／24g
■色	白
■本体価格	700円
■問い合わせ先	サンスター文具　tel.03-5835-0094　www.sun-star-st.jp/

067 | かどまるPRO-NEO

サンスター文具

パウチ加工も切断可能な強力パンチ

紙の角を丸くするパンチはほかにもありますが、これは非常に切れ味が良く、名刺などの厚紙以外も、診察券などパウチ加工されていても切断できるので業務用にも便利。クラフトパンチとは違い、はさみに近い構造で、てこの原理により軽い力で使えます。意外と便利な使い方として、テプラのようなシールの角に使うと剥がれにくくなりおすすめ。角の丸さは3段階から選べます。

■商品名	かどまるPRO-NEO
■サイズ／重量	76×48×103mm／143g
■色	ホワイト、黒
■本体価格	1,480円
■問い合わせ先	サンスター文具　tel.03-5835-0094　www.sun-star-st.jp/

068 | レターカッター セラミック刃

ミドリ

069 | ダンボールカッター

ミドリ

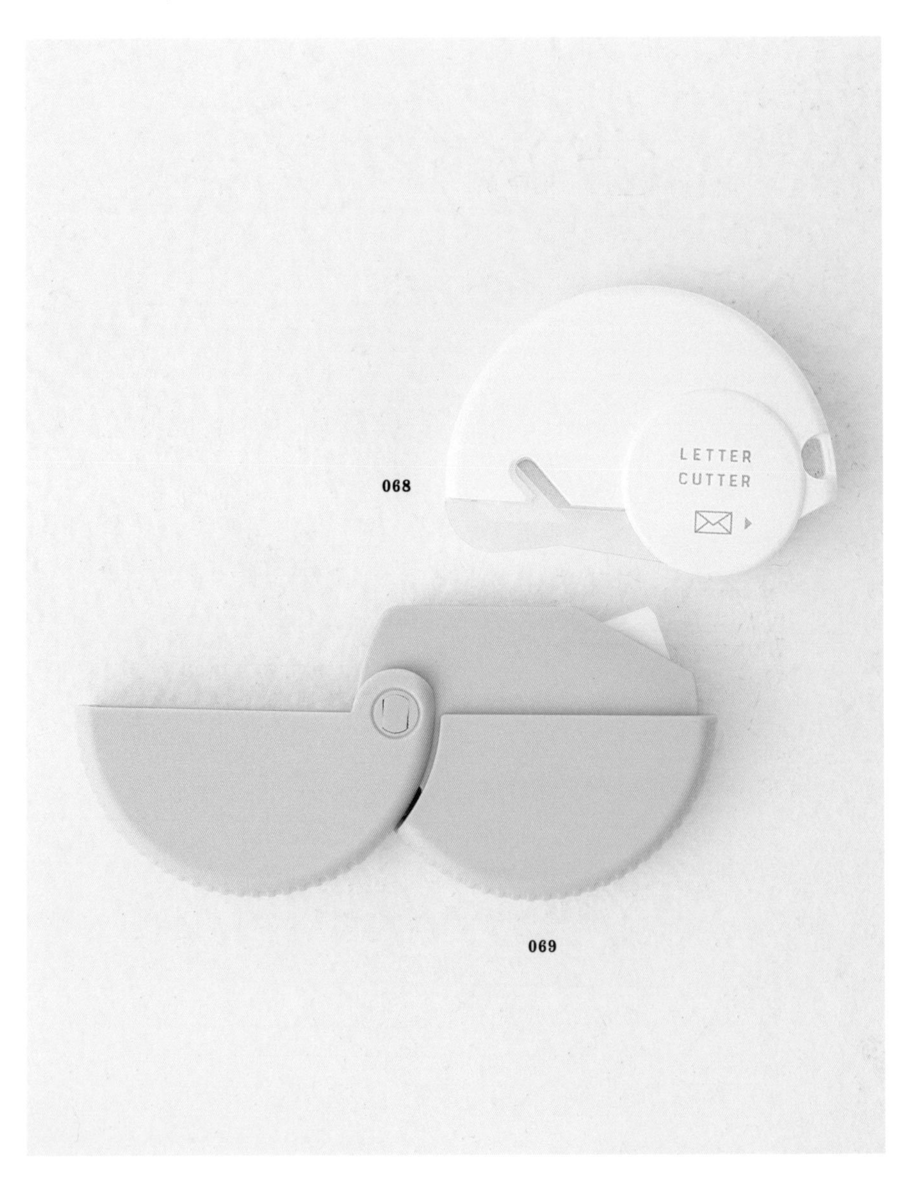

070 | ペーパーナイフ 連続伝票用フラットタイプ

コクヨ

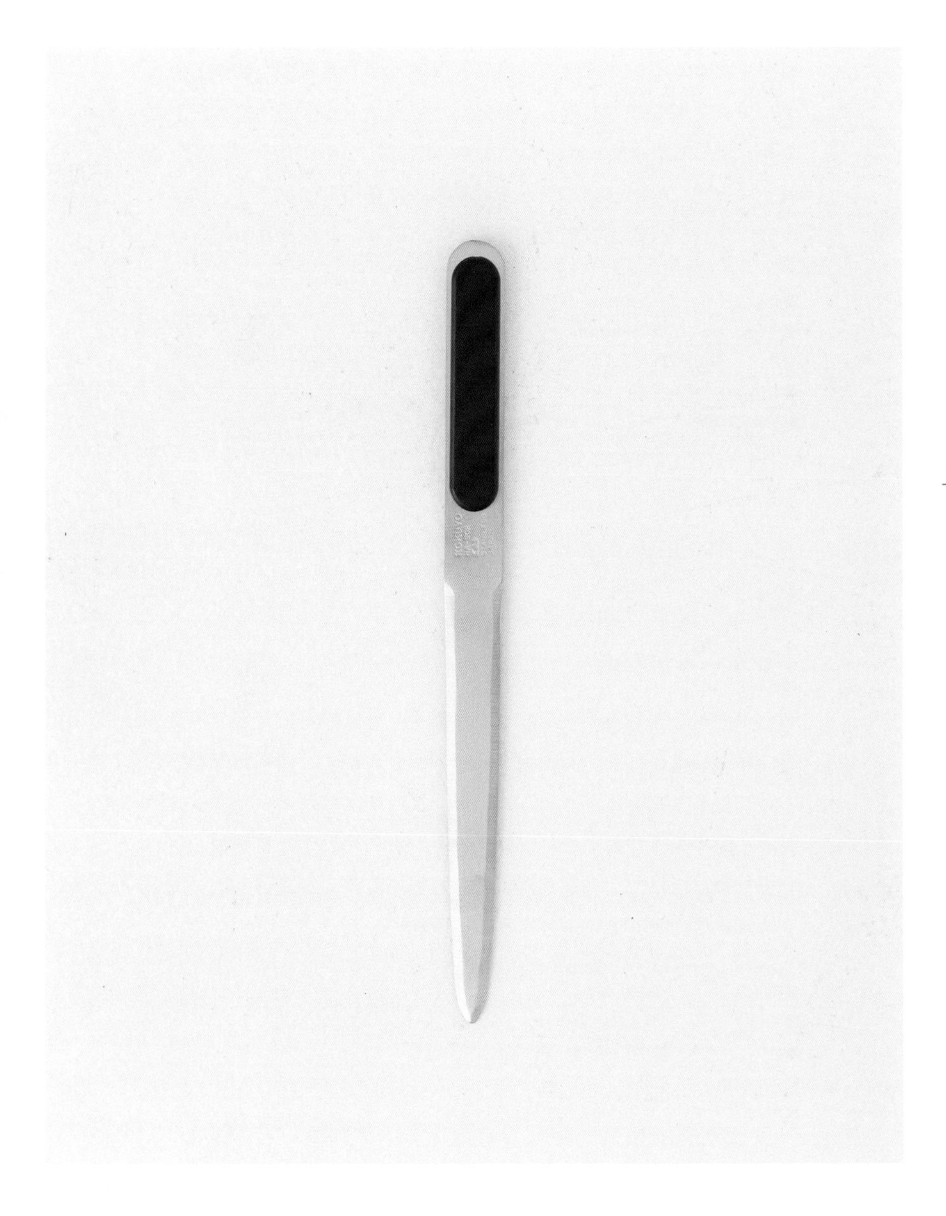

068 レターカッター セラミック刃

ミドリ

レターだけでなく紙を真っ二つに切るのにも便利

このレターカッターは、手紙などの封が折り返しになっている部分に小さなセラミック刃を差し込み、引いて切る方式のためゴミが出ず、中身を傷つける心配も少ない。コンパクトで便利ですし、手紙の開封以外の用途にも使えます。私の場合は、A4に2面付け印刷した紙を切って、A5サイズのノートに貼る際に愛用しています。切手のようなミシン目が入った用紙をキレイに切りたいときにも重宝です。

■商品名	レターカッター セラミック刃
■サイズ	39×54×9mm
■色	白
■本体価格	980円
■問い合わせ先	ミドリ　www.midori-japan.co.jp

069 ダンボールカッター

ミドリ

ダンボール開梱用としてふさわしいカッター

ダンボールを開ける際、ふつうのカッターでは刃が出すぎて中身を傷つけてしまったり、切れ味が良すぎてダンボールの切れ目を外れて切りこんでしまったりすることが。この商品は厚いセラミック刃が最小限の長さで固定されていて、ダンボールのすきまに押し込んで引っ張るだけでテープのみを切断可能。セラミック刃は丈夫でよく切れます。マグネット付きなのも便利です。

■商品名	ダンボールカッター
■サイズ	50×50×12.5mm
■色	黒、カーキ、ベージュ
■本体価格	980円
■問い合わせ先	ミドリ　www.midori-japan.co.jp

070 ペーパーナイフ 連続伝票用フラットタイプ

コクヨ

絶妙な切れ味で封筒から小冊子まで幅広く切断可能

両側を研いだスチールの板にグリップがついたシンプルな形状ですが、これ1本あればいいと思える万能型のレターナイフです。通常のカッターで封筒を開けると、切れ味が良すぎて切りたくない部分まで切り込んでしまうことがありますが、このナイフの刃は切れすぎないように調整されているので切れ味が絶妙。2つ折りした紙の折り返しの部分を的確に切ることができます。私の場合は薄いカタログとか小冊子をスキャンするためにバラバラにする際によく使います。分厚い雑誌や本になると断裁機を使いますが、真ん中をステープラーで留めている小冊子であれば、このナイフを当てて切れば、ちょうど真ん中に当たってステープラーの針も簡単に取れてとても便利です。通常のカッターよりは刃も安全ですし、シンプルで邪魔になりにくいのでペン立てに入れておけます。ちなみに私はこのアイテムが好きすぎて、専用のケースを作ったほど。もともと宅配便などの連なった伝票を切り離すという限られた用途のものですが、レターナイフとして優秀なのでだれにでもおすすめできます。

■商品名	ペーパーナイフ 連続伝票用フラットタイプ
■サイズ	全長195mm×幅15mm
■本体価格	970円
■問い合わせ先	コクヨ tel. 0120-201-594 www.kokuyo.co.jp/support/

071 カルカット(据え置きタイプ／クリップタイプ)

コクヨ

072 | テープカッター プッシュカット™

ニチバン

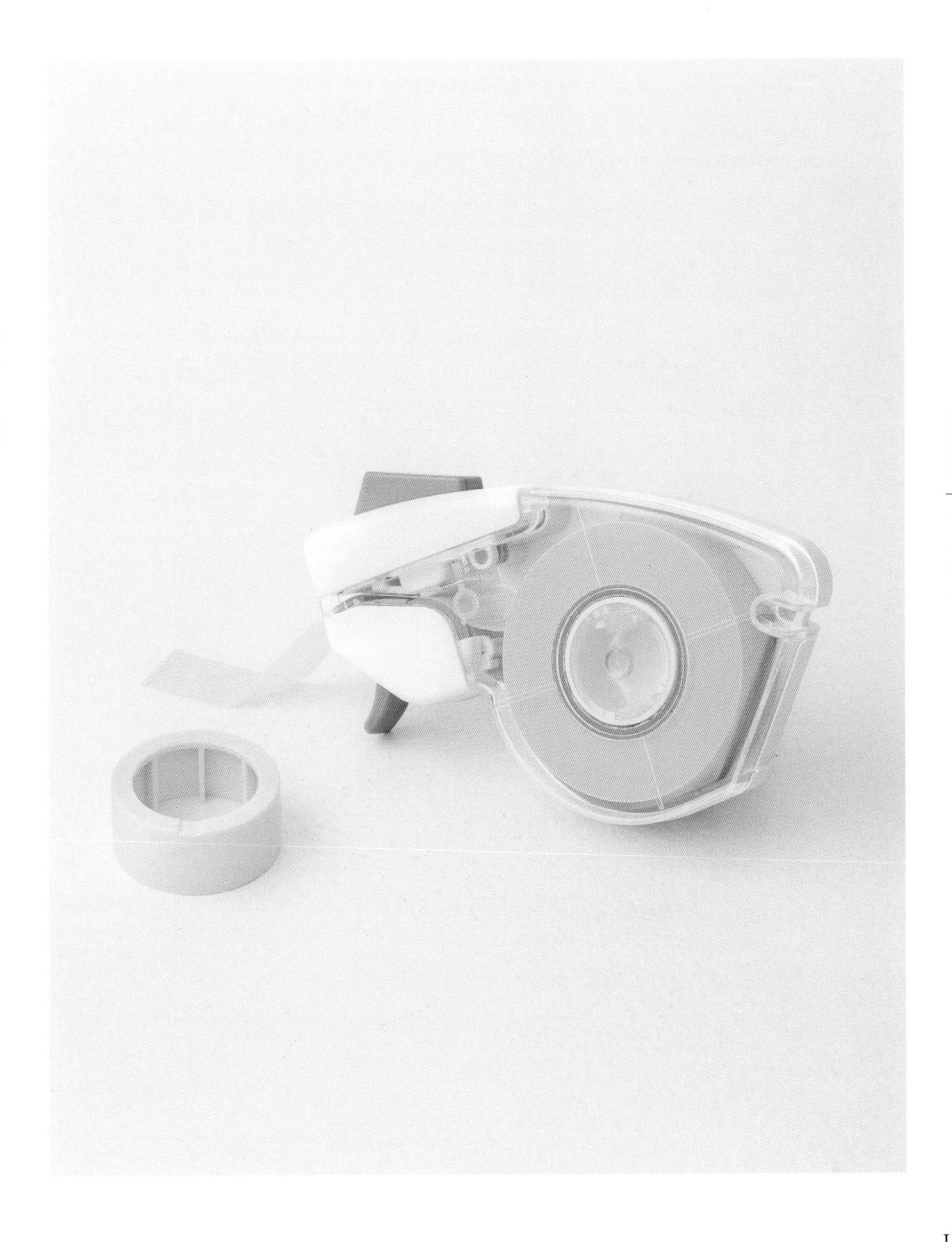

071 カルカット（据え置きタイプ／クリップタイプ）

コクヨ

刃だけでなくボディや使い方にもひと工夫

カルカットのいちばんいいところは、良く切れるところです。ふつうのテープカッターの刃は、じつは先端の大きなギザギザで、フォークのようにテープに穴を開け、その穴の裂け目が広がることでテープが切れるという仕組みなんです。切れているというよりも裂けている状態です。カルカットはこのギザギザの刃の板が薄くて山も小さく、鋭利でカッターナイフの刃に近いため、よく切れますし力もいりません。切り口もまっすぐでキレイ。セロハンテープよりも透明度が高くて丈夫なPPテープでもよく切れます。デスクに置いて使う「据え置きタイプ」は、ボディに指を掛ける凹みがあり、持ち運ぶ際に落としにくくなっているところもいい。さらに、マスキングテープをよく使う人はテープ本体に直接はめて使う「クリップタイプ」も便利です。通常のテープカッターはいちどセットしたテープはそのまま使い続けるという「1対1」の関係になりがちですが、これは付け替えが簡単なので、1個持つだけで多くのマステに使える「1対多」の関係になっているところがいいですね。

■商品名	カルカット　据え置きタイプ
■サイズ／重量	66×186×106mm／1.2kg
■色	白、黒、緑
■本体価格	1,600円

■商品名	カルカット　クリップタイプ（10~15mm幅用）
■サイズ	40×20×20mm
■色	パステルブラウン、ライトブルー、ホワイト、パステルグリーン、ライトピンク、ライトイエロー
■本体価格	400円
■問い合わせ先	コクヨ　tel. 0120-201-594　www.kokuyo.co.jp/support/

072 テープカッター プッシュカット™

ニチバン

銃のように引き金を引いて使うテープカッター

銃の形をしたテープカッターで、テープを装着すれば引き金を引くごとに一定の長さでテープが出るので、使いたい長さまで出したら、本体上のレバーでテープを切るという仕組みです。テープを出すときは引き金を引く以外にテープをつまんでも引っ張り出せるので、ポスターの掲示や工作にも使いやすい。私はこれを複数持っていて、テープの種類を分けて使っていますが、とくに両面テープが便利。ギザギザの付いた紙の箱に入っている両面テープは上手く切れないこともよくありますが、これならストレスなく切れますし、何よりテープの長さを均等に切ることができます。両面テープは長さを一定に調整できるほうが便利な場面が多いですから。また、切り口がまっすぐ切れるので、表面がでこぼこしにくく、剥離紙が剥がしやすくなります。これまで両面テープ用とマスキングテープ用は別製品に分かれていましたが、付属のアダプターを着脱することで、両面テープでもマスキングテープでもどちらも使用できるようにリニューアルし、使い勝手がさらに良くなっています。

■商品名	テープカッター プッシュカット
■サイズ	21×104×85mm
■色	白
■本体価格	1,200円
■問い合わせ先	ニチバン　tel.0120-377-218　www.nichiban.co.jp

073 | ドットライナー ホールド

コクヨ

074 | ドットライナー フリック

コクヨ

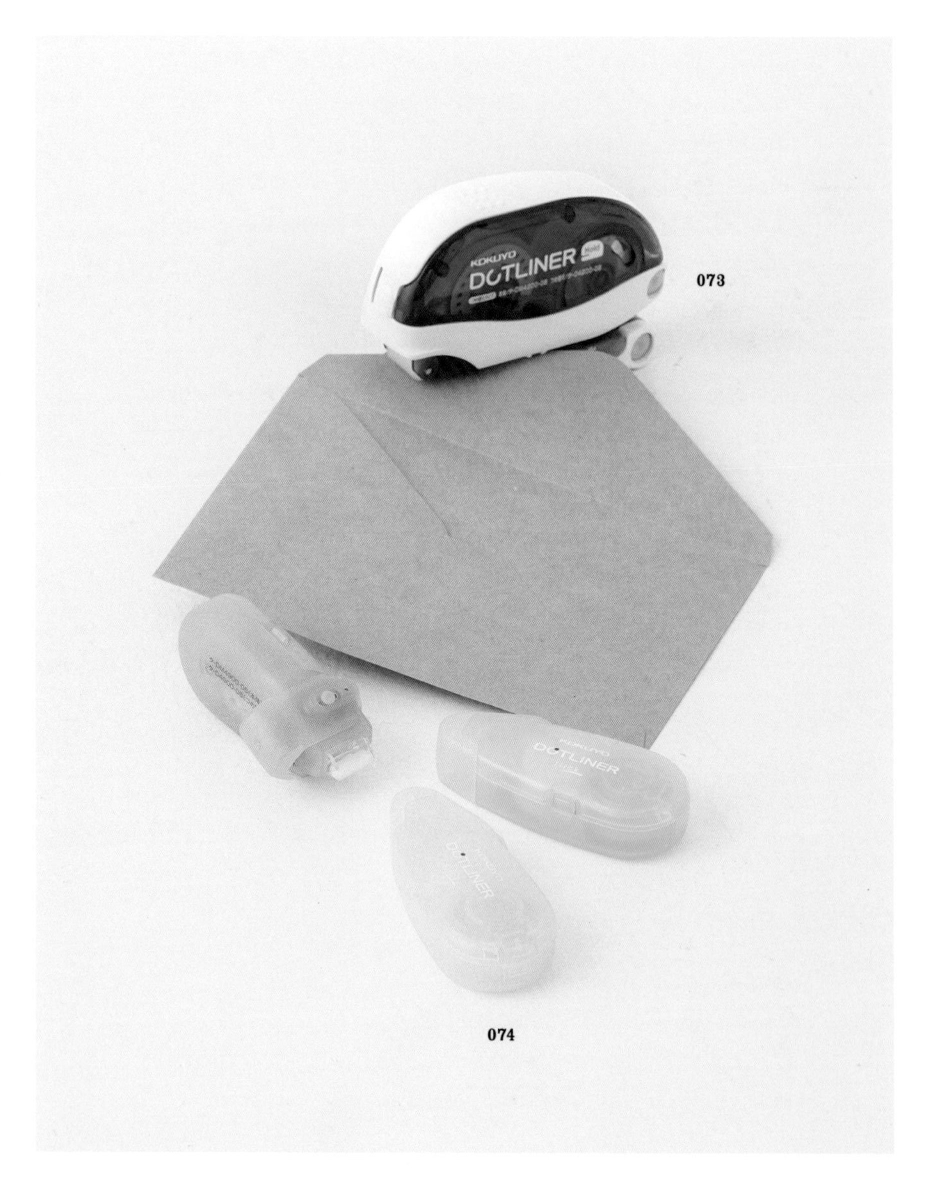

075 | ハリナックスプレス

コクヨ

076 | GLOO スティックのり

コクヨ

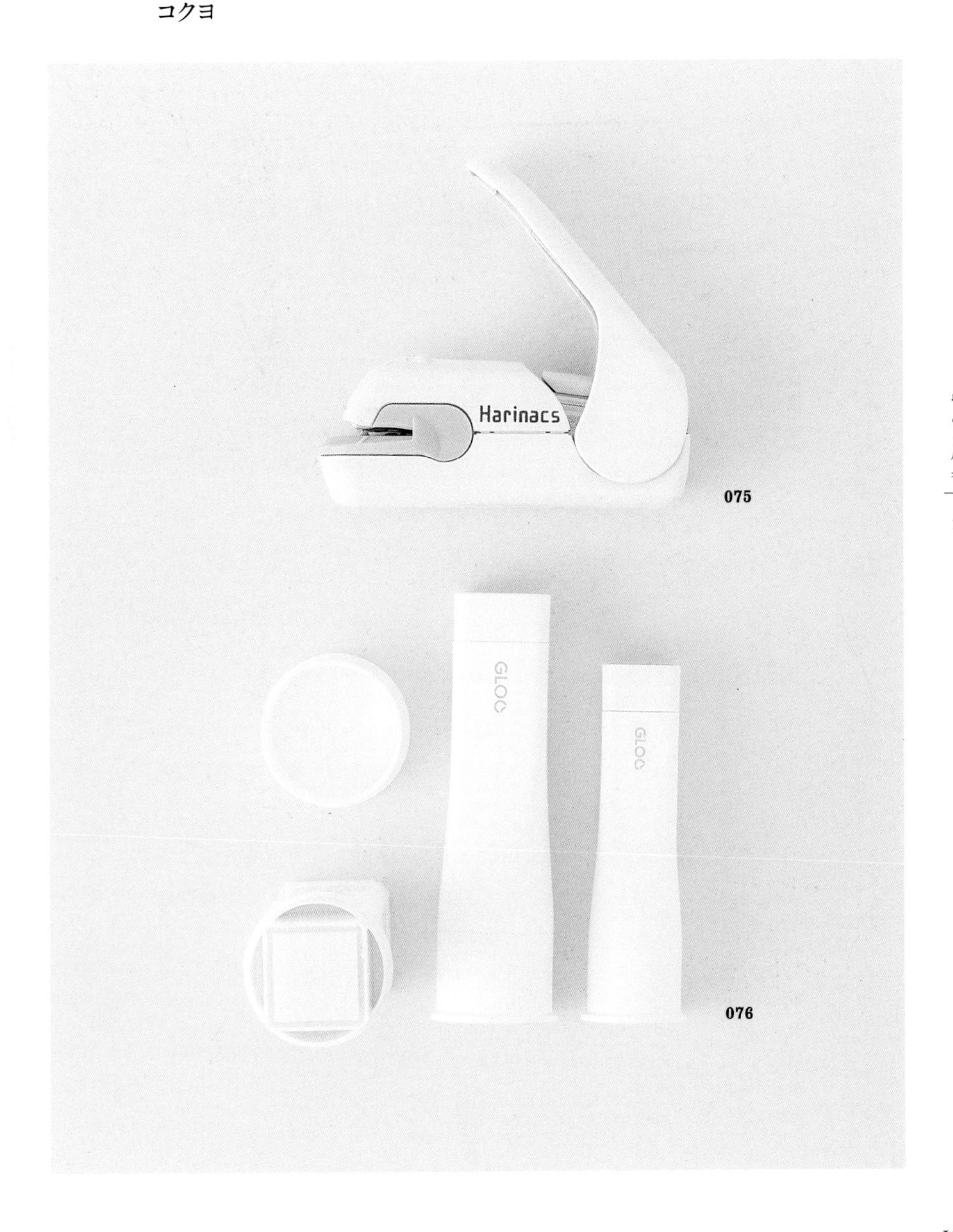

073 ドットライナー ホールド

コクヨ

どんなに不器用でも必ずまっすぐのりを塗れる

テープのりを使う場合、通常は机に置いて使いますが、これは紙を挟んで引っ張るだけでのりを付着させるため、机が片付いていなくても空中で使えます。しかも挟むだけで塗る位置を紙の端に固定できるので、テープのりを使い慣れなくてもまっすぐ塗りやすく、手元を見ずに作業できるところも良い。本体を変形させ、通常のテープのりのように使うこともできます。

■商品名	ドットライナー ホールド
■サイズ	（本体）98×37×71mm　（テープ）8.4mm×16m
■色	青
■本体価格	530円
■問い合わせ先	コクヨ　tel. 0120-201-594　www.kokuyo.co.jp/support/

074 ドットライナー フリック

コクヨ

携帯用テープのりとして安心のキャップを搭載

携帯用テープで断トツの推し商品です。フリックキャップという、フタを押しながらスライドして開ける仕様ですが、押しながらでないと開かず、ヘッド部分も完全に隠れているので、持ち運び中にいつのまにかどこかにのりが付いてしまう心配なし。フタをスライドさせる方向は、利き手に合わせて左右いずれも選べるので邪魔になりません。ドット状ののりで、切れがいいのも特徴です。

■商品名	ドットライナー フリック
■サイズ	（本体）69×17×30mm　（テープ）6mm×12m
■色	ライラック、ミント、ホワイト、青、ピンク（限定色）
■本体価格	290円
■問い合わせ先	コクヨ　tel. 0120-201-594　www.kokuyo.co.jp/support/

075 ハリナックスプレス

コクヨ

針がなく、穴も開けないステープラー

針なしステープラーは、穴を開けて留めるものが大半ですが、この商品は穴を開けずに圧着して留める方式のため、紙の端でも使用でき、書類に印刷した文字に影響しにくいのがメリットです。ストローの袋やコーヒーフィルターなどに使われている圧着方法ですが、これを手作業でも簡単に行えるよう、てこの原理を使った内部構造で実現しています。

■商品名	ハリナックスプレス
■サイズ	34×95×85mm　とじ部寸法1.6×10mm
■色	白、青、緑、ピンク
■本体価格	1,430円
■問い合わせ先	コクヨ　tel. 0120-201-594　www.kokuyo.co.jp/support/

076 GLOO スティックのり

コクヨ

のりの本体が四角で塗りやすい

一般的にスティックのりが丸い理由は、四角だとキャップの密閉が難しく、乾きやすいため。この商品はキャップは丸いまま、のりだけを四角にするという、コロンブスの卵のような発想でその問題を解決しています。のりが丸いと、どこに当たっているか分かりにくいですが、四角なら紙の端の辺に平行に、しかもギリギリを狙っても塗れますし、角を使うこともできていいですね。

■商品名	グルースティックのり（しっかり貼る）
■サイズ／重量	直径27×88mm（S）、直径32×105mm（M）、直径39×126mm（L）
■色	白
■本体価格	140円（S）、260円（M）、400円（L）
■問い合わせ先	コクヨ　tel. 0120-201-594　www.kokuyo.co.jp/support/

077 | はりトルPRO

サンスター文具

078 | Vaimo11 POLYGO

マックス

079 ｜ ペーパーセメントソルベント／ディスペンサー

福岡工業

077 | はりトルPRO

サンスター文具

針を外す専用の道具だからこそ使い勝手は◎

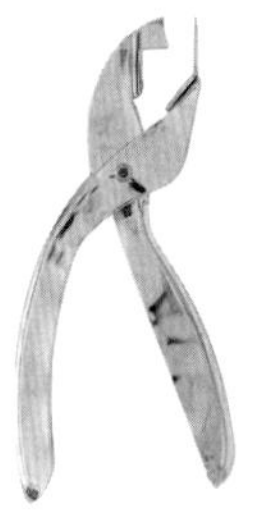

ステープラー本体についたヘラのような部分でも針は取れますが、片側だけ抜けるなど上手く取れないことがあるので、これを使うほうが圧倒的にラクでおすすめです。中綴じ製本の雑誌でも簡単に針が抜けます。これが非常に便利で、私はデスクに常備しています。

■商品名	はりトルPRO
■サイズ／重量	119×53×13mm／55g
■本体価格	380円
■問い合わせ先	サンスター文具　tel.03-5835-0094　www.sun-star-st.jp/

078 | Vaimo11 POLYGO

マックス

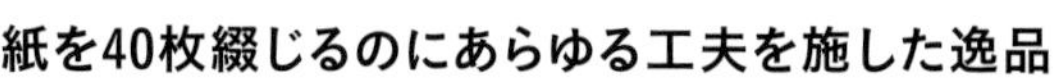

紙を40枚綴じるのにあらゆる工夫を施した逸品

小型ステープラーは20枚綴じが一般的ですが、このシリーズは40枚綴じが可能。なかでもこれは最小最軽量モデルです。専用サイズの針を開発し、軽い力で使えるようにてこの原理を採用、針が紙の厚みに負けない工夫を施していて、2枚から40枚までの厚さにこれ1台で対応しています。

■商品名	Vaimo11POLYGO（バイモ11ポリゴ）
■サイズ／重量	28×71×98mm／130g
■釘装てん数	50本　とじ枚数／約40枚（最大）　とじ奥行き／28mm　とじ口寸法／7mm
■色	ブラック、ブルー、ピンク、ライトグリーン
■本体価格	1,800円
■問い合わせ先	マックス　tel.0120-510-200　www.max-ltd.co.jp/product/op/

079 ｜ ペーパーセメントソルベント／ディスペンサー

福岡工業

シール剥がしとして知っておくべき名品

ミツワのペーパーセメントソルベントは、本来「ペーパーセメント」という紙用接着剤の薄め液なのですが、シール剥がしとしてこれより優秀なものは今もほぼないと思います。たとえばノートを購入したとき。裏表紙に無造作に貼られた値札を剥がそうとして、なかなか剥がれずに悪戦苦闘した挙句汚くなってしまうこと、ありますよね。そういう紙のシールを剥がすとき、このペーパーセメントソルベントをシールのすきまから染み込ませると、シールが貼ってあった元の部分を傷めることなくキレイに取れるので重宝しています。これはデパートなどで包装を担当するプロが、値札シールやテープを剥がして包装する際などにもよく使われている隠れたベストセラーです。缶のままでは大きくて使いにくいので、専用の小さな赤いディスペンサーに移して使っています。少しマニアックなアイテムですが、シール剥がしのすごさをいちど体感してもらえたら、手放せなくなる理由を実感できるかと思います。

■商品名	ペーパーセメントソルベント大缶／SLディスペンサーM
■容量	1570ml（ペーパーセメントソルベント大缶）、140ml（SLディスペンサーM）
■本体価格	3,490円（ペーパーセメントソルベント大缶）、2,410円（SLディスペンサーM）
■問い合わせ先	福岡工業　tel.049-262-1611　fukuoka-ind.com

080 | ゲージパンチ GP-2630

カール事務器

081 | アリシス LPN-35

カール事務器

082 | トライアングルクリップ
YAMASAKI DESIGN WORKS

083 | スライドクリップ
トーキンコーポレーション

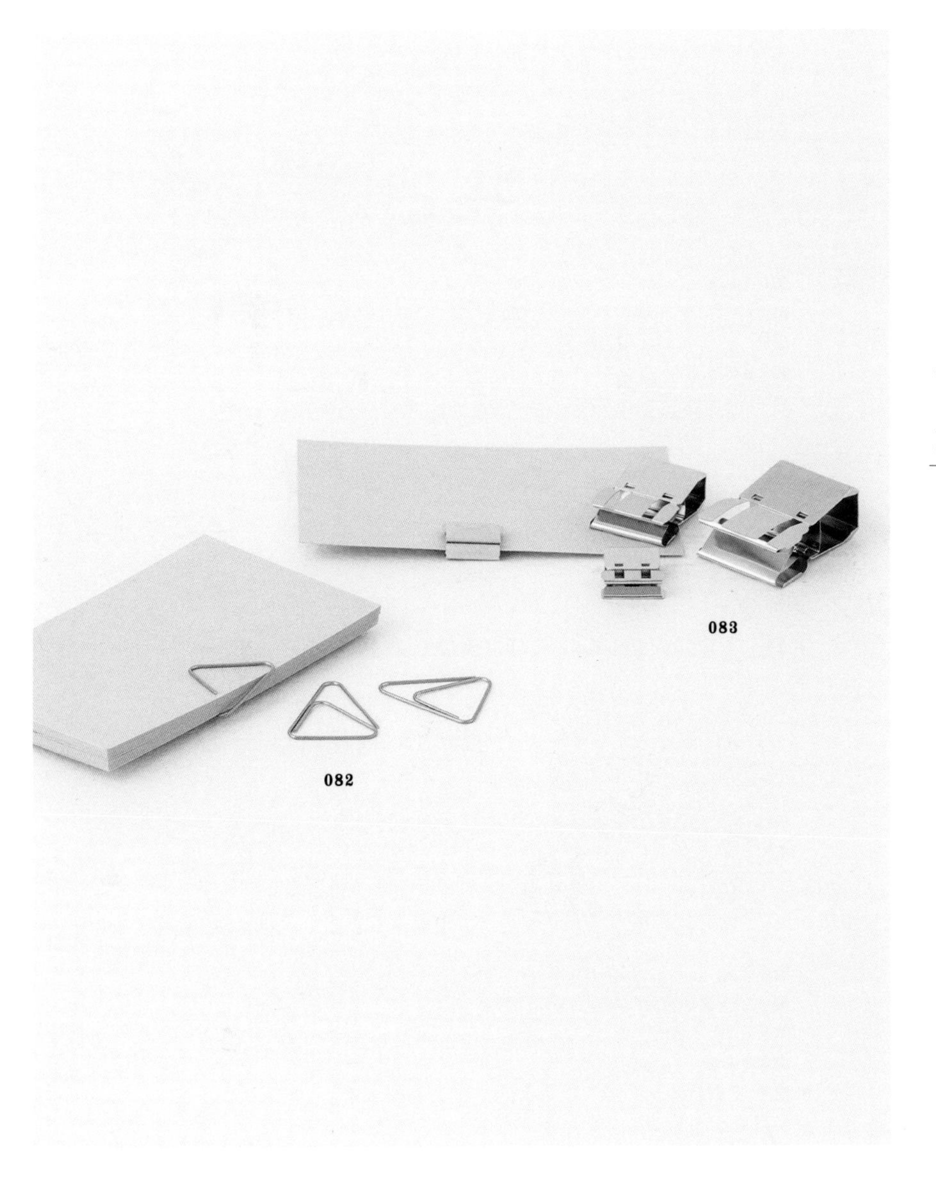

080 | ゲージパンチ GP-2630

カール事務器

ルーズリーフを自作する際に欠かせない

ゲージに紙を差し込んで固定し、ゲージのへこみ箇所にパンチを合わせて複数回に分けて穴を開ければ、ルーズリーフと同規格に仕上がります。一般にルーズリーフ専用パンチは30個ほどの穴を一挙に開けるため、サイズも押す力も大きくなりますが、これは比較的コンパクトでサクッと穴が開けられます。写真をプリントしてルーズリーフ型の簡易アルバムを作るのもおすすめの使い方です。

■商品名	ゲージパンチ GP-2630
■サイズ／重量	333×71×13mm／122g（ゲージ）　73×68×56mm／176g（パンチ）
■色	白、黒、赤
■本体価格	2,800円
■問い合わせ先	カール事務器　tel.03-3695-5379　www.carl.co.jp

081 | アリシス LPN-35

カール事務器

軽くてコスパのいい2穴パンチの決定版

2穴パンチはもうこれが必要にして十分な形かなと思います。てこが二重になったアシストリンク機構という構造が特徴で、通常のパンチの半分の力で穴が開きますし、ワンタッチでハンドルをたたんだ状態で固定でき、引き出しにしまえるのも便利。横から引き出せるゲージも丈夫で、紙のサイズ合わせがラク。20年は使い続けられるので、1個だけ買うならこれをためしてみて。

■商品名	アリシスLPN-35
■サイズ／重量	132×122×119mm／500g
■色	白、黒
■本体価格	2,000円
■問い合わせ先	カール事務器　tel.03-3695-5379　www.carl.co.jp

082 トライアングルクリップ

YAMASAKI DESIGN WORKS

三角の形状で針金クリップの問題を解消

挟むものの厚みに対して非常に耐性の高いクリップです。ふつうのゼムクリップは、分厚いものを挟んだあと、広がって元に戻らなくなりがちですが、これは形状を三角にすることで、分厚いものを挟んでも横の断面部分がZ型に広がって保持でき、外しても元に戻ります。針金クリップの設計アイデアとしてシンプルかつ高性能なので、とても良い発明品だなと思います。

■商品名	トライアングルクリップ		
■入り数	25個入り	■本体価格	500円
■問い合わせ先	YAMASAKI DESIGN WORKS	tel.03-3630-1660	www.ymsk-design.com

083 スライドクリップ

トーキンコーポレーション

指一本で簡単に着けられる便利なクリップ

S、L、LLと3つのサイズがあり、Lで紙を60枚まで挟めます。通常ダブルクリップが必要になる厚みですが、はめ込むだけで留められ、外すときも引っ張るだけ。ダブルクリップのような力もいらず、邪魔になるレバーもなし。私は書類以外にも、お菓子やパスタの袋を留めるのに愛用しています。好きすぎて、自分の名前入りのものをオーダーして作ってもらったほど。

■商品名	スライドクリップS、L、LL
■サイズ	15×17×6mm／1g（S）、20×25×10mm／2.3g（L）、26×35×15mm／4g（LL）
■色	シルバー
■本体価格	300円（S／10個入り）、800円（S／30個入り）、360円（L／6個入り）、1,080円（L／20個入り）、300円（LL／3個入り）、900円（LL／10個入り）
■問い合わせ先	トーキンコーポレーション　tel.03-3602-6161　https://tohkincorp.co.jp/

084 | エアかる

プラス

085 | メクリッコキャッチ キャップ型

プラス

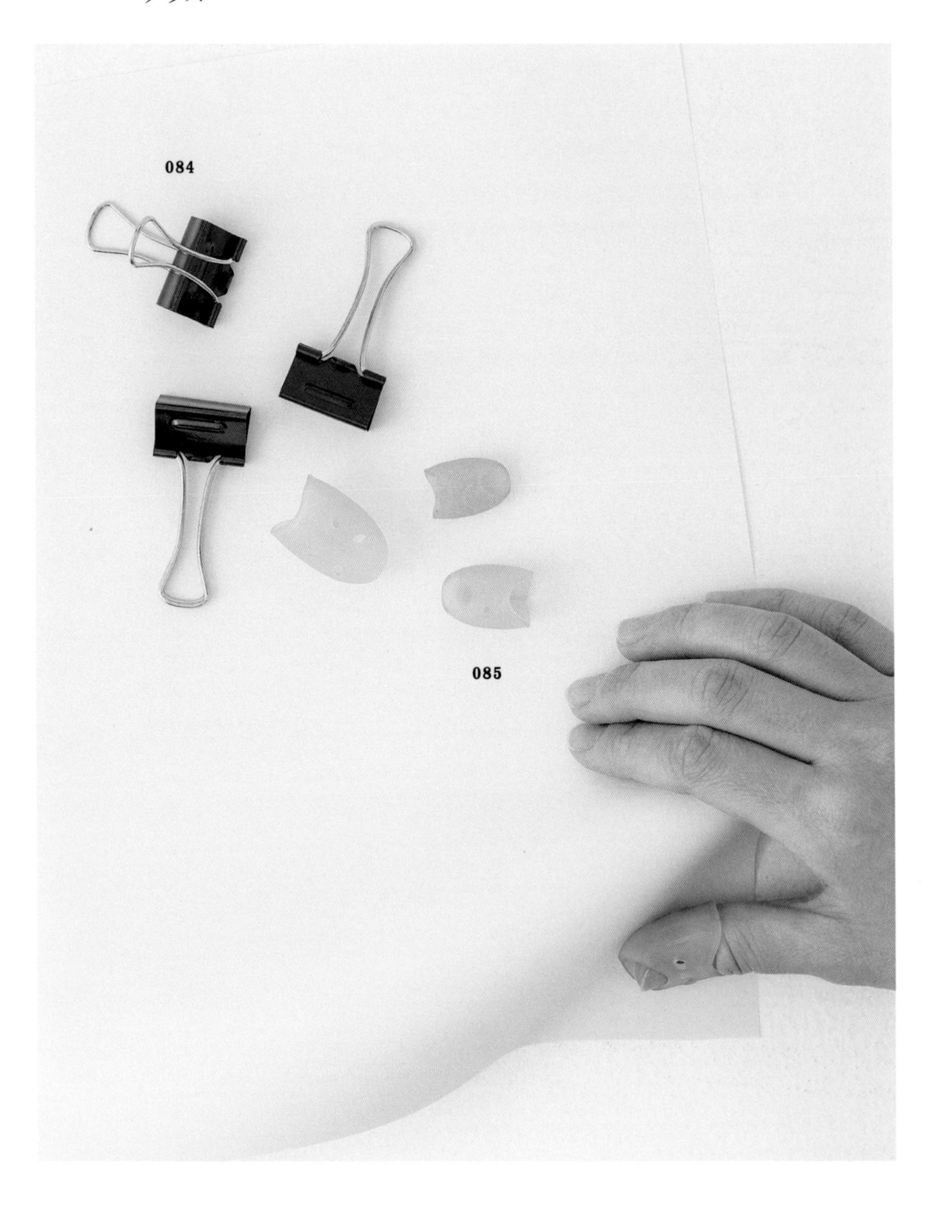

086 ペンポーチDELDE（デルデ）

サンスター文具

084 エアかる

プラス

従来の約半分の力※で使えるダブルクリップ

ダブルクリップは便利ですが使う際に結構な力が必要です。この握る力を従来品の半分ですむよう工夫したのがこの商品。レバーを長くし、黒いバネ部分に突起を設けて支点をずらすことで、開く際に軽く感じます。レバーの先端が平らなのも押しやすく、痛くなりにくいポイント。この軽さを味わうと、以前のダブルクリップは使えなくなるくらい、使い心地が違います。

■商品名	エアかる(中)		
■サイズ	クリップ幅25mm(中)※そのほか極豆、豆、小、大、特大、超特大サイズあり		
■色	ブラック	■本体価格	400円(中/10個箱入り)
■問い合わせ先	プラス　tel.0120-000-007　http://bungu.plus.co.jp		

※サイズにより省力率が異なる。大50%、中40%、小30%省力(メーカー従来品比実験データによる)。

085 メクリッコキャッチ キャップ型

プラス

摩擦力が大きくておすすめの指サック

指サックに重要なのは、しっかり紙を掴む摩擦力。これはほかのものから一段頭抜けた性能です。軽く触れただけでもしっかりグリップするので、大量の紙をさばく、めくるなどの作業がずっと楽。着けたままキーボードも打てます。リング型もあり、ネイルをしている人におすすめで、私はホールド感のあるキャップ型が好きです。年を重ねて、事務作業の必需品になりました。

■商品名	メクリッコ キャッチ キャップ型
■サイズ	内径13.5×長さ22mm(S)、内径15×長さ24mm(M)、内径18×長さ29mm(L)
■色	ピンク(S)、オレンジ(M)、ブルー(L)
■本体価格	各サイズ200円
■問い合わせ先	プラス　tel.0120-000-007　bungu.plus.co.jp

086 ペンポーチDELDE(デルデ)

サンスター文具

大容量で文具以外の整理収納にも便利

立つペンケースにはいろんな製品が出ていますが、私が好きでよく使っているのはデルデです。上部のファスナーを開けて、両側のつまみ部分を下に引っ張ると中身が出てくる構造で、デスクに置いてペン立てとして使えます。開閉が簡単なところや、はさみや定規など背の高いものも収納しやすいところが気に入っています。とくに私は持っているペンの量が多いので、大容量なのがいいですね。似たような製品の場合、調子に乗って文具を詰め込みすぎるとフタが閉まらなくなってしまうことがあります。デルデならペンケースの内部に入ってさえいれば、そのままフタを上げて閉める構造なので大抵の文具を収納可能です。また、私の場合は5つくらいデルデを持っていて使い分けています。一軍の文具ばかり入れておくもの、カラーペンばかり入れておくもの、イラストを書く際に使う文具をまとめておくものなど、目的別に分けておけば便利です。もちろん文具以外のものも入れられるので、化粧ポーチとして使う人もいます。ペン立てになるペンポーチとしてだけでなく、スタンドタイプの持ち運びしやすいツールボックスとしてよくできた製品です。

■商品名	ペンポーチ DELDE(デルデ)
■サイズ/重量	120×180×60mm/60g
■色	natural B(ブルー)、BK×BK(ブラック×ブラック)、girly LG(ライトグリーン)
■本体価格	1,200円
■問い合わせ先	サンスター文具　tel.03-5835-0094　www.sun-star-st.jp/

087 | スタンド付ルーペ PRO

サンスター文具

088 | シクオス

シヤチハタ

089 | ネーム9 キャップレスホルダー

シヤチハタ

087 | スタンド付ルーペ PRO

サンスター文具

両手がふさがる状況でも拡大できる

一見するとごくふつうのルーペですが、スタンド部分がルーペの首部分に収まるようになっているため、適切に変形すると手持ちのルーペとしても使え、収納場所にも困りません。スタンドを立てて使うときは、たとえば針に糸を通したり、ネイルアートをしたり、プラモデルなど細かいものを作ったりなど、両手を自由に使って作業できて便利です。手でルーペを持ちながら物を見ていると、手も対象物も動くので目が疲れやすいのだそうです。ルーペをメガネのように掛けて作業する方法も一理ありますが、私は少しの時間だけ見るなら手持ち、しっかり見たいときはスタンドを立てるようにして使っています。じつはこの商品自体をデザインしたのは私なのですが、もともとは子ども向けの小さな観察用ルーペでした。大人の需要も結構あるということが分かったので、大人向けにリデザインしましたが、目のいい子どもの観察用と、目が弱ってきた大人の日常用では、必要とされる性能がまったく違ってくるので、じつは見た目以上に異なる設計になっています。

■商品名	スタンド付ルーペPRO 90mm
■サイズ	112×213×15mm／99g（90mm） ※ほかに50mm、65mm、75mm、100mmのサイズもあり
■色	黒
■本体価格	1,500円
■問い合わせ先	サンスター文具　tel.03-5835-0094　www.sun-star-st.jp/

088 シクオス
シヤチハタ

無駄なものがひとつもない機能美

硬い机の上ではんこを押すと、印影がキレイに出ないことがありますが、これは朱肉のフタが柔らかい印マットになっていて、紙の下に敷くとしっかり押印できます。朱肉を使う場合に必ず外すフタが、印マットという別の道具になり、片付けるときは印鑑マットをなくさずにすむ。この無駄のなさが最高です。2つの道具が無理なくセットになっているところが素晴らしいですね。

■商品名	印マット付朱肉 シクオス
■サイズ	盤面サイズ直径32mm
■色	ローズピンク、サクラピンク、ターコイズブルー、ネイビー
■本体価格	700円
■問い合わせ先	シヤチハタ　tel.052-523-6935　www.shachihata.co.jp

089 ネーム9 キャップレスホルダー
シヤチハタ

キャップレス化で浸透印のひと手間を防ぐ

ネーム9と言えば、朱肉が不要な浸透印の定番中の定番商品。でも、朱肉につける手間はかかりませんが、利用時にいちいちキャップを外す手間はかかります。このホルダーに手持ちのネーム印部分を入れれば、使わないときはシャッターが閉まっていますが、押す際には自動的にシャッターが開いてワンタッチで捺印可能。キャップをなくす心配もありません。

■商品名	ネーム9 着せ替えパーツ キャップレスホルダー
■サイズ／重量	23.4×23.6×77mm／約16g
■色	ブラック、ブルー、レッド、ペールブルー、ペールピンク、ホワイト
■本体価格	900円
■問い合わせ先	シヤチハタ　tel.052-523-6935　www.shachihata.co.jp

090 | ブックエンド ALB-77

カール事務器

091 | Kiwami ライティングマット下敷

共栄プラスチック

090 ｜ ブックエンド ALB-77

カール事務器

本を塊ごと移動できるブックスタンド

このブックスタンドは非常に便利で、私も家に5～6個ありデスクや本棚などで使っています。背中側の蛇腹と連動して仕切り板が動き、本の量に合わせてジャストサイズに調整できます。スタンドを使っても本が倒れたり折れ曲がったりすることがありますが、それは本が斜めに傾いてしまうからで、垂直に保つことができれば起こりません。両側のスタンドの横幅を蛇腹で自在に収縮でき、仕切り板も付いているため、たとえば真ん中の本を大量に抜き取っても、本が全部倒れてしまうという心配がありません。とくに便利なのが、場所の移動が簡単なこと。背中や底に板があるので、ちょっと慣れれば、本を立てたままこのスタンドごとまとめて移動できます。本棚の幅はさまざまですが、このブックスタンドごと本棚に入れておけばスタンド内の本は自立させられるし、スタンドの脇に空いたスペースも有効活用できます。私の場合、いつか読もうと思っている「積ん読」の本は量が増減しやすいので、その収納にも重宝しています。スタンドの板が薄くて無駄なスペースがないのも魅力的です。

■商品名	ブックエンド ALB-77
■サイズ／重量	W105（最大350）×197×281mm／1.7kg
■色	白、黒
■本体価格	3,000円
■問い合わせ先	カール事務器 tel.03-3695-5379 www.carl.co.jp

091 | Kiwami ライティングマット下敷

共栄プラスチック

字に自信のない人は下敷きから始めよう

筆記具の書き心地を決める要因は、「筆記具」と「紙」、そして机など「紙の下にあるもの」の3つ。筆記具と紙の表面に相性があることは、みなさんご存じのとおりですが、ペン先の沈み込み具合でも大きく変わります。これは紙の下に何があるかが大きく関係していて、硬いガラスの上で書くときと、革のマットの上で書くときでは劇的に変わります。字があまり上手でない人こそ、下敷きの良さを再度見直してみてほしいですね。字がうまく書けない人の傾向として、つい手が滑ってゆっくり書けないということが挙げられます。最近のボールペンは滑らかに書けるものが多いので、下敷きで適度に抵抗感を与えることで字を丁寧に書きやすくなる場合があります。

この下敷きはしっかりとした厚みがあって書き心地がしっとりするため、ある種の高級感も感じられます。黒地に白の方眼罫が入っているので罫線のない紙に書く際のガイドにもなりますし、裏面は一面濃い色なので、新聞など薄い紙をコピーする際にあてると、裏側の文字の透けを防止できるという使い方も。

■商品名	Kiwami ライティングマット下敷 A4+深紺藍
■サイズ／重量	228×306×2mm
■色	黒、深紺藍、濃赤紫
■本体価格	950円
■問い合わせ先	共栄プラスチック　tel.06-6763-0501　https://kyoei-orions.com

092 | 移動文房

バリューイノベーション

093 | ほぼ日のアースボール ジャーニー

ほぼ日

092 | 移動文房

バリューイノベーション

どこにいても自宅の書斎を即再現可能

文房とは書斎のことで、これは「持ち歩ける書斎」をコンセプトに私がデザインしたリュックです。出先で仕事をする際のノートPCやケーブル類などの持ち運びを考慮して、収納場所の配置にこだわりました。内部はノートPCスペースとガジェットケース、メイン収納の3つに分かれています。特徴的なのはガジェットケースで、ふだんはコの字型の芯材で固定されたメイン収納の上部に置けるようになっています。これはケーブル類やマウス、イヤホン、文房具などの小物がカバンの底に溜まる状態を避けるためで、これらをガジェットケースにまとめて入れておくことで取り出しやすくしています。ケース自体の取り外しが可能なので、PCとガジェットケースさえ出せばすぐに仕事ができる環境を作り出せます。メイン収納部分はカバンの表側からフタをペロンと開けられ、リュックが自立するので、デスクの上に置けばそのままファイルボックスのように使えます。小物をガジェットケースにガーッと詰め込んでフタを閉めれば荷物はまとまるので、ホテルやカフェなどで作業しても、荷物をすぐにまとめて出られます。

■商品名	移動文房
■サイズ／重量	本体32×40×12cm／1376g　付属ガジェットケース28.5×10×10.5cm
■色	黒
■本体価格	27,000円
■問い合わせ先	バリューイノベーション　tel.03-6418-9660　mail: info@vik.jp　vik.jp/index.html

093 ｜ほぼ日のアースボール ジャーニー

ほぼ日

AR技術で新たな学習体験を得られる地球儀

経済や戦争など国際情勢のニュースを理解するには国の位置関係を押さえておく必要があります。ふつうの地球儀と違ってこれが良いのは、AR技術を活用していて、スマホのアプリをかざすと地球上のリアルタイムの雲や気温などの気象情報や、国旗や各国の基本情報などさまざまな情報を表示できる点です。これまで地球儀の平面上にはスペース的に入れられなかった情報やリアルタイムのデータをARによって確認できるという、新しい学習の形ができたというのが良いですね。また、一般的なメルカトル図法の地図では、面積なども歪んで表示されてしまうので、球体の状態で確認して「日本は案外小さくないな」みたいに把握できるほうが良いですよね。ほぼ日のアースボールはほかにも種類がありますが、地球儀としてならこのジャーニータイプがいちばん使いやすい。最近、個人的に紙の歴史が気になるようになったのですが、そうなってくると、「シルクロードはこのあたりを通る」「海を通る際にこの海峡を渡る」なんていうことが確認できるので、話が入ってきやすい。大人になってから改めて地球儀を眺めてみると、知識欲が触発されて結構良いですよ。

■商品名	ほぼ日のアースボール ジャーニー
■サイズ	直径20cm（縮尺／6380万分の1）／パッケージサイズ210×210×225mm
■本体価格	10,000円
■問い合わせ先	ほぼ日ストア　tel. 03-5422-3802　mail: store@1101.com

094 | HHKB Professional

PFU

095 | MX ANYWHERE 3S

ロジクール

096 | ScanSnap iX1600

PFU

094 | HHKB Professional

PFU

万年筆同様にキーボードにもこだわりを

プログラマーやエンジニア向けに開発された、コンパクトだが限界まで効率を追求したキー配列が特長のキーボードで、キーを完全に押しきらなくても認識するため、高速タイプしても打ち間違いが少ない。仕事をしていれば、いまや万年筆やボールペン以上に毎日文字を書くのはキーボードですから、万年筆にこだわるならキーボードにだってこだわるべきだと思うのです。

■商品名	Happy Hacking Keyboard Professional HYBRID Type-S 日本語配列／雪
■サイズ／重量	294×120×40mm／550g
■色	雪
■本体価格	33,500円
■問い合わせ先	PFU tel.050-3786-0811 www.pfu.ricoh.com/

095 | MX ANYWHERE 3S

ロジクール

ガラスの上でも使える光学マウス

色々使った結果、私のマウスはこれしかない、と思っています。持ち心地の良さはもちろん、光学センサーの性能が良く、ガラステーブルの上でも使えるのがすごい。Bluetoothで3台まで接続でき、PC2台とタブレットに使っていますが、さらに持ち運び用も持っています。私はマウスで図面や絵も描くので、もはやペンと同じ。複数のキー操作をボタンに登録できるのも便利です。

■商品名	MX Anywhere3S
■サイズ／重量	65×100.5×34.4mm／99g ■色 ペールグレー、グラファイト
■本体価格	12,700円
■問い合わせ先	ロジクール・カスタマーリレーションセンター tel.050-3139-5644
	www.logicool.co.jp

096 | ScanSnap iX1600

PFU

必要な機能性のみ追求した究極のスキャナー

現時点で家庭用スキャナーはこの製品が圧勝と言えます。まず良いのは、紙を巻き込むローラーの性能。紙を1枚だけ取り込むために、逆向きのローラーで押し返したり、超音波センサーで紙の枚数を検知したりしています。紙づまりや、2枚同時に吸紙してページが抜けているなどのスキャンミスが起こりにくい点は重要です。また、液晶タッチパネルでスキャン後の作業を設定しておけるのも便利です。解像度や色、片面・両面、どのクラウドサービスやメールに転送するかなどを細かく設定できるので、例えば「レシート」というボタンを作り、レシートをスキャンしたら家計簿サービスに自動的に連携させるといったことが可能です。スキャン作業はそのあとの整理も大変ですが、これならその場で自動処理できます。電子化のコツは溜めずにその都度行うことです。あとでやろうと思うと、少しの面倒くささでやらなくなるので、その面倒をこういう便利な道具で解消するのが確実です。そして紙のスキャンは断捨離の練習になります。画像が残っていれば、現物を残す必要性のある書類は案外少ないので、安心してできる紙の断捨離から始めるのはおすすめです。

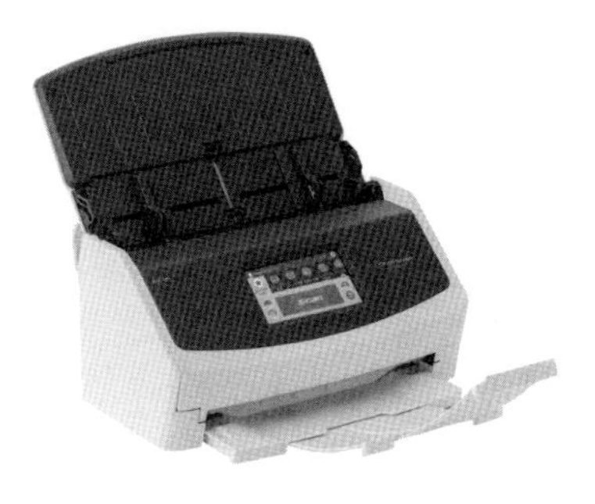

■商品名	ScanSnap iX1600
■サイズ／重量	292×161×152mm（トレー収納時）／3.4kg
■色	ホワイト、ブラック
■本体価格	51,000円
■問い合わせ先	PFU　tel.050-3786-0811　www.pfu.ricoh.com/

097 | タイムタイマー モッド

ドリームブロッサム

098 | プレミアム電卓 S100

カシオ計算機

097

098

099 | デジタルメモ「ポメラ」DM250

キングジム

100 | ブギーボード BB-12

キングジム

099

100

097 | タイムタイマー モッド

ドリームブロッサム

単純だが効果絶大なアナログ表示タイマー

残り時間を視覚的に確認できるタイマー。1時間以内の時間しか設定できませんが、これが結構役立ちます。ダイヤルを回せば、赤く表示された残り時間が自動的に減っていき、ゼロになると音が鳴ります（音を切ることも可能）。スマホのアプリでもいいのですが、ついほかの機能を触ってしまいがちだったりして、こうした単機能のタイマーのほうが集中できておすすめです。

■商品名	タイムタイマー モッド	■サイズ	920×920×50mm
■色	チャコールグレー、スカイブルー、ライムグリーン		
■本体価格	5,800円		
■問い合わせ先	ドリームブロッサム mail: info@dreamblossom.jp		
	www.dreamblossom.jp/		

098 | プレミアム電卓 S100

カシオ計算機

人類史上最高峰の電卓で、事務作業を快適に

カシオ計算機が電卓発売50周年を記念して製作した、すべてにおいて最高品質の電卓です。アルミの削り出しボディに、滑り止めラバーの性能も良く、キーを押してもガタつきなし。液晶ガラスの表裏に反射を抑制するコーティングを施し、あらゆる照明や角度でも数字が見やすい。打ち心地の良いキーは数字も印刷ではなく2色成型仕上げで、長期間使用しても消えません。

■商品名	プレミアム電卓 S100		
■サイズ／重量	183×110.5×17.8mm／250g（電池込み）		
■色	ブラック	■本体価格	27,000円（CASIOオンラインストア価格）
■問い合わせ先	カシオ計算機 tel.0120-088927 www.casio.co.jp/		

099 デジタルメモ「ポメラ」DM250

キングジム

原稿を書くことしかできないからこその利便性

文章作成の専用機。PCを持っているから不要だと思うかもしれませんが、余計なことを考えず集中できるため、「ポメラ」を愛用する作家さんも結構います。PCやスマホは調べ物に使い、書くのは「ポメラ」と分けたほうが作業画面も狭くならずにすみますし、コンパクトで電池のもちもいい。作成した文章は専用アプリを使い「ポメラ」とスマホ間で送受信でき、非常に便利です。

■商品名	デジタルメモ「ポメラ」DM250
■サイズ／重量	263×120×18mm／620g
■色	ダークグレー
■本体価格	54,800円
■問い合わせ先	キングジム　tel.0120-79-8107　www.kingjim.co.jp/

100 ブギーボード BB-12

キングジム

一時的な記録なら紙の減らない電子メモパッド

ペンなどで圧力をかけたところの色が変わり、ボタンを押して電気を流すと消えるというガジェット。いろいろなサイズがありますが、付箋と同じくらいのこのサイズが便利でよく使います。電話時のメモなど、保管する必要がない一時的なメモに最適。マグネット付きなので玄関ドアに貼って、持ち物のチェックや帰りの買い物リストなどリマインダーとして利用しても。

■商品名	ブギーボード BB-12
■サイズ／重量	86×86×5.5mm／40g
■色	オレンジ、イエロー、ブルー、ブラック、ホワイト
■本体価格	3,500円
■問い合わせ先	キングジム　tel.0120-79-8107　www.kingjim.co.jp/

文具王工作室より

お手入れが面倒という理由でステキな文房具をあきらめるのはイヤだ。
不便だったら便利にしよう、というコンセプトで作っている
文具王のオリジナル文具を紹介します。

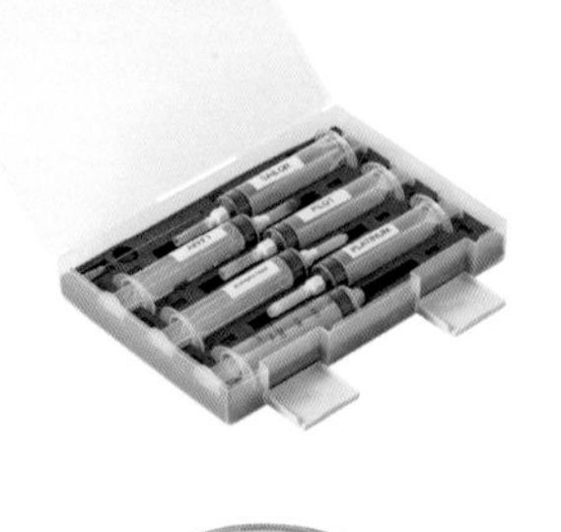

万年筆クリーナー

万年筆のペン先を洗う際、通常は水を入れたコップにペン先を浸け、コンバーターで水を出し入れしますが、流せる水の量を数十倍に増やして作業をラクにしたのがこれ。メーカーごとに対応可能なものを用意しました。

本体価格：9,000円（6本セット・ケース付き）、1,500円（単品）

ガラスペンクリーナー

ガラスペンを出し入れするだけでブラシが溝に当たってインク汚れが落とせるアイテム。ラメ入りのものや落としにくい種類のインクでもよく落ち、フタをしっかり閉めておけば水を入れたまま携帯も可能です。

本体価格：3,500円

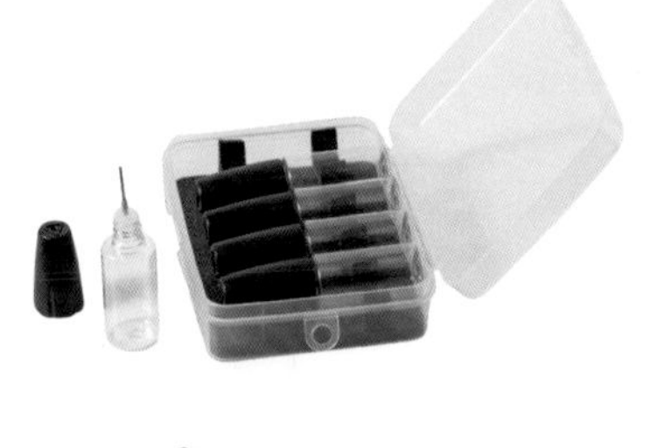

ユニコーンボトル（5本入り）ケースセット

インクをペン先から吸うと、ペン先についた分を拭き取るなどしてインクを無駄にしがち。これは注射器のようにコンバーターやカートリッジに直接インクを流し込むので、ペン先を汚さず簡単にインクが補充できます。

本体価格：2,273円（予備用の単品は1本910円）

万年筆インクボトル傾斜台

インク瓶からインクを吸う際、ペン先を肩口まで浸けないと吸えないため、インクが減った瓶はそのまま置くと水位が足りずにインクを使いきれませんが、これを使えば安定して傾斜させて水位を上げることができます。

本体価格：2,500円

問い合わせ先　文具王工作室　bunguo.base.ec/

さいごに

オススメの文房具を100個紹介するという企画をいただいて、単純に面白そうだと思ってOKしたものの、あとになって悩みました。文房具情報サイトの編集長として、次々と発売される新商品に埋もれるように過ごしている自分が、100という枠の中で、幸せを感じるような、本当に重要な文房具とはどんなものか、自分の机やカバンの中を見回し、再点検するところから始めました。100という数字は、大きいようで案外小さく、文房具すべてのジャンルからお気に入りの文房具を挙げていけば簡単にあふれてしまう。そこから絞り込むのは楽しくも悩ましい作業でした。また、やはりデジタルツールも、もはや文房具の1つとして扱わざるを得ないと思い、加えることにしました。文房具が究極の品質を実現するいっぽう、スマホが普及し、DXが加速し、仕事をするのに文房具がなくても困らない人も増えました。数十年後に振り返ったとき、おそらく、デジタルとアナログが交差する今この時代の文房具は、技術的にもデザイン的にも、あらゆる面でアナログ文具の頂点を極めた時代となるだろうと思います。だからこそ、今この瞬間に、文房具を100個選ぶ、という試みには意味があったのではないかと思います。

高畑正幸

著者
高畑正幸（たかばたけ・まさゆき）

1974年香川県丸亀市生まれ、図画工作と理科が得意な小学生をやめられず今に至る。テレビ東京の人気番組「TVチャンピオン」全国文房具通選手権に出場。1999年、2001年、2005年に行われた文房具通選手権に3連続で優勝し「文具王」と呼ばれる。文具メーカー・サンスター文具にて13年の商品企画・マーケターを経て退職後、同社とプロ契約。文房具の情報サイト「文具のとびら」の編集長を務め、個人でもYouTuberとして文具情報を日々発信している。2007年より、きだてたく、他故壁氏と共に、文房具のトークユニット「ブング・ジャム」を結成。各種文具イベントを行う。2005年3月TVチャンピオン「第4回全国文房具通選手権」優勝。2001年3月TVチャンピオン「第3回全国文房具通選手権」優勝。1999年4月TVチャンピオン「第2回全国文房具通選手権」優勝。

人生が確実に幸せになる文房具100

著　者　高畑正幸
編集人　栃丸秀俊
発行人　倉次辰男
発行所　株式会社主婦と生活社
〒104-8357
東京都中央区京橋3-5-7
03-5579-9611（編集部）
03-3563-5121（販売部）
03-3563-5125（生産部）
https://www.shufu.co.jp
製版所　東京カラーフォト・プロセス株式会社
印刷所　大日本印刷株式会社
製本所　株式会社若林製本工場

ISBN978-4-391-16067-3

落丁・乱丁の場合はお取り替えいたします。
お買い求めの書店か、小社生産部までお申し出ください。

写真　有坂政晴（STUH）
取材・文　岩﨑 多
デザイン　椋本完二郎
DTP　天龍社
校正　滄流社
編集　小林杏菜、澤村尚生
編集協力　後藤るつ子